普通高等教育"计算机类专业"规划教材

高级程序设计语言
（Java版）

邱仲潘 张星成 宋智军 编著

清华大学出版社
北京

内容简介

Java语言是美国SUN公司(现已被Oracle公司收购)开发的一种功能强大的语言,具有简洁、面向对象、分布式、可移植等性能的多线程动态计算机编程语言。Java非常适合于企业网络和Internet环境,现在已成为Internet中最受欢迎、最有影响的编程语言之一。

本书循序渐进,按节细化知识点,并结合知识点介绍了相关的实例。读者可以按照实例编写程序,同时学习Java知识,能较快提高程序设计水平。

本书适合作为大学非计算机专业的教材,也可以作为高职高专院校计算机专业的教材,还可作为初学者的自学用书。

本书封面贴有清华大学出版社防伪标签,无标签者不得销售。
版权所有,侵权必究。侵权举报电话: 010-62782989 13701121933

图书在版编目(CIP)数据

高级程序设计语言(Java版)/邱仲潘等编著. --北京:清华大学出版社,2013
普通高等教育"计算机类专业"规划教材
ISBN 978-7-302-33032-5

Ⅰ. ①高… Ⅱ. ①邱… Ⅲ. ①JAVA语言-程序设计-高等学校-教材 Ⅳ. ①TP312

中国版本图书馆CIP数据核字(2013)第145963号

责任编辑:白立军
封面设计:常雪影
责任校对:白 蕾
责任印制:王静怡

出版发行:清华大学出版社
    网 址:http://www.tup.com.cn,http://www.wqbook.com
    地 址:北京清华大学学研大厦A座   邮 编:100084
    社 总 机:010-62770175   邮 购:010-62786544
    投稿与读者服务:010-62776969,c-service@tup.tsinghua.edu.cn
    质量反馈:010-62772015,zhiliang@tup.tsinghua.edu.cn
    课件下载:http://www.tup.com.cn,010-62795954

印 刷 者:北京富博印刷有限公司
装 订 者:北京市密云县京文制本装订厂
经 销:全国新华书店
开 本:185mm×260mm   印 张:20   字 数:484千字
版 次:2013年8月第1版   印 次:2013年8月第1次印刷
印 数:1~2000
定 价:35.00元

产品编号:049885-01

《高级程序设计语言（Java 版）》 前言

这是个信息时代，不仅是计算机专业学生要学习编程语言，其他专业的本科生、研究生也需要学习一种或者几种编程语言。要学习编程语言，当首推 Java！因为这是个开源系统，资料很容易获得。

Java 是由美国 SUN 公司（现已被 Oracle 公司收购）开发的一种功能强大的，具有简洁、面向对象、分布式、可移植等性能的多线程动态计算机编程语言，是跨平台的程序设计语言，可以在各种类型的计算机和操作系统上运行。Java 语言非常适合于企业网络和 Internet 环境，现在已成为 Internet 中最受欢迎、最有影响的编程语言之一。Java 是 Sun Microsystems 公司的 James Gosling 等人于 20 世纪 90 年代初开发的，最初名为 Oak，目标设定在家用电器等小型系统的编程语言，来解决诸如电视机、电话、闹钟、烤面包机等家用电器的控制和通信问题。由于这些智能化家电的市场需求没有预期的高，SUN 公司放弃了该项计划。在 Oak 几近失败之时，随着互联网的发展，SUN 公司看到 Oak 在计算机网络上的广阔应用前景，于是改造了 Oak，在 1995 年 5 月 23 日以 Java 的名称正式发布了。Java 伴随着互联网的迅猛发展而发展，并逐渐成为重要的网络编程语言。

本书深入浅出地介绍 Java 编程语言，图文并茂，理论联系实际，便于理解；习题难度合适，便于巩固。学习这个语言之后，再学习其他编程语言就不难了，很容易融会贯通。

在本书编写过程中，我们征求了许多老师和同学们的意见，期望使教材更加合用。但是，由于时间关系，加上水平有限，错漏之处在所难免，欢迎老师同学们批评指正，以便我们在改版时尽快纠正。

编者

2013 年 3 月

FOREWORD

《高级程序设计语言（Java 版）》 目录

| 第 1 章 | 绪论 | 1 |

- 1.1 编程语言的发展历程 ………………………………………… 1
  - 1.1.1 机器语言 ………………………………………………… 1
  - 1.1.2 汇编语言 ………………………………………………… 2
  - 1.1.3 高级语言 ………………………………………………… 2
- 1.2 Java 语言简介 …………………………………………………… 3
  - 1.2.1 Java 语言的起源 ………………………………………… 3
  - 1.2.2 Java 语言的特点 ………………………………………… 4
  - 1.2.3 Java 语言实现机制 ……………………………………… 5
- 1.3 Java 集成开发环境 ……………………………………………… 11
- 1.4 构建开发环境 …………………………………………………… 12
  - 1.4.1 JDK 安装配置 …………………………………………… 12
  - 1.4.2 Eclipse 安装配置 ………………………………………… 14
- 1.5 熟悉 Eclipse 开发工具 ………………………………………… 14
  - 1.5.1 界面布局 ………………………………………………… 15
  - 1.5.2 常用操作 ………………………………………………… 17
- 1.6 小结 ……………………………………………………………… 23
- 1.7 课后习题 ………………………………………………………… 24

第 2 章 核心语法 …………………………………………………… 25

- 2.1 关键字和标识符 ………………………………………………… 25
  - 2.1.1 什么是关键字 …………………………………………… 25
  - 2.1.2 Java 中的关键字 ………………………………………… 25
  - 2.1.3 Java 标识符及命名规则 ………………………………… 28
- 2.2 数据类型 ………………………………………………………… 29
  - 2.2.1 数据类型的定义和分类 ………………………………… 29
  - 2.2.2 常量 ……………………………………………………… 29
  - 2.2.3 变量 ……………………………………………………… 30
  - 2.2.4 整数类型 ………………………………………………… 34
  - 2.2.5 浮点数类型 ……………………………………………… 34
  - 2.2.6 字符类型 ………………………………………………… 35
  - 2.2.7 布尔类型 ………………………………………………… 36
  - 2.2.8 字符串类型 ……………………………………………… 36

        2.2.9 数据类型转换 ………………………………… 38
    2.3 运算符和表达式 ……………………………………… 41
        2.3.1 理解运算符和表达式 ………………………… 41
        2.3.2 算数运算符 …………………………………… 42
        2.3.3 关系运算符 …………………………………… 45
        2.3.4 逻辑运算符 …………………………………… 46
        2.3.5 位运算符 ……………………………………… 48
        2.3.6 赋值运算符 …………………………………… 49
        2.3.7 条件运算符 …………………………………… 50
    2.4 小结 …………………………………………………… 51
    2.5 课后习题 ……………………………………………… 51

第3章 流程控制语句 …………………………………………… 55
    3.1 流程控制的定义 ……………………………………… 55
        3.1.1 基本流程控制结构 ……………………………… 55
        3.1.2 Java 语句的种类 ………………………………… 56
    3.2 选择语句 ……………………………………………… 57
        3.2.1 if-else 条件语句 ………………………………… 57
        3.2.2 switch 语句 ……………………………………… 60
    3.3 循环语句 ……………………………………………… 63
        3.3.1 while 语句 ……………………………………… 63
        3.3.2 do-while 语句 …………………………………… 65
        3.3.3 for 语句 ………………………………………… 68
    3.4 跳转语句 ……………………………………………… 71
        3.4.1 break 语句 ……………………………………… 71
        3.4.2 continue 语句 …………………………………… 73
        3.4.3 return 语句 ……………………………………… 74
    3.5 综合实例 ……………………………………………… 75
    3.6 小结 …………………………………………………… 77
    3.7 课后习题 ……………………………………………… 78

第4章 面向对象基础 …………………………………………… 80
    4.1 概述 …………………………………………………… 80

《高级程序设计语言（Java 版）》目录

   4.1.1 面向对象的基本概念 …………… 80
   4.1.2 面向对象程序的特点 …………… 80
   4.1.3 对象的基本概念 ………………… 81
   4.1.4 类的基本概念 …………………… 81
  4.2 类 …………………………………………… 82
   4.2.1 类定义 …………………………… 82
   4.2.2 成员变量 ………………………… 84
   4.2.3 成员方法 ………………………… 86
   4.2.4 构造方法 ………………………… 87
  4.3 对象 ………………………………………… 88
   4.3.1 创建对象 ………………………… 88
   4.3.2 使用对象 ………………………… 89
   4.3.3 回收对象 ………………………… 90
  4.4 访问修饰符 ………………………………… 90
  4.5 小结 ………………………………………… 94
  4.6 课后习题 …………………………………… 94

第 5 章 高级特性 ……………………………………… 97
  5.1 类的封装 …………………………………… 97
   5.1.1 封装的基本概念 ………………… 97
   5.1.2 封装的 4 种访问控制级别 ……… 98
  5.2 类的继承 …………………………………… 99
   5.2.1 继承的基本概念 ………………… 99
   5.2.2 父类和子类 ……………………… 101
   5.2.3 抽象类和抽象方法 ……………… 104
   5.2.4 super 的使用 …………………… 105
   5.2.5 this 的使用 ……………………… 108
  5.3 类的多态 …………………………………… 109
   5.3.1 多态的基本概念 ………………… 110
   5.3.2 方法重载 ………………………… 110
   5.3.3 方法覆盖 ………………………… 112
  5.4 综合实例 …………………………………… 114
  5.5 小结 ………………………………………… 116

5.6 课后习题 …… 117

第6章 接口和包 …… 120
6.1 接口 …… 120
6.1.1 接口的定义 …… 120
6.1.2 接口的实现 …… 121
6.1.3 接口的继承 …… 124
6.1.4 比较接口和抽象类 …… 126
6.2 包 …… 126
6.2.1 包的定义 …… 126
6.2.2 Java 中的包 …… 127
6.2.3 包的创建 …… 127
6.2.4 包的引用 …… 128
6.3 小结 …… 131
6.4 课后习题 …… 131

第7章 数组和字符串 …… 133
7.1 一维数组 …… 133
7.1.1 一维数组的声明 …… 133
7.1.2 一维数组的初始化 …… 133
7.1.3 一维数组元素的引用 …… 136
7.2 二维数组 …… 138
7.2.1 二维数组的声明 …… 138
7.2.2 二维数组的初始化 …… 138
7.2.3 二维数组元素的引用 …… 140
7.3 数组的常用方法 …… 142
7.3.1 Arrays.equals() …… 142
7.3.2 System.arraycopy() …… 143
7.3.3 Arrays.fill() …… 143
7.3.4 Collections.reverseOrder() …… 143
7.3.5 Arrays.binarySearch() …… 144
7.4 数组综合实例 …… 144
7.5 字符串的表示 …… 147

7.5.1 字符串常量 …………………………………… 147
7.5.2 String 表示 …………………………………… 147
7.5.3 StringBuffer 表示 …………………………… 148
7.6 字符串的常用方法 …………………………………… 149
7.6.1 String 类 ……………………………………… 149
7.6.2 StringBuffer 类 ……………………………… 151
7.6.3 综合实例 ……………………………………… 152
7.7 正则表达式 …………………………………………… 155
7.7.1 正则表达式的符号及含义 …………………… 155
7.7.2 匹配规则 ……………………………………… 157
7.7.3 综合实例 ……………………………………… 157
7.8 小结 …………………………………………………… 158
7.9 课后习题 ……………………………………………… 158

第8章 异常处理 …………………………………………… 162
8.1 异常处理概述 ………………………………………… 162
8.1.1 异常处理的概念 ……………………………… 162
8.1.2 使用异常处理的原因 ………………………… 163
8.1.3 方法的调用堆栈 ……………………………… 163
8.2 异常处理机制 ………………………………………… 165
8.2.1 捕获异常 ……………………………………… 165
8.2.2 声明异常 ……………………………………… 169
8.2.3 抛出异常 ……………………………………… 170
8.2.4 自定义异常 …………………………………… 171
8.3 异常类 ………………………………………………… 173
8.3.1 Java 中异常类的结构 ………………………… 173
8.3.2 运行时异常 …………………………………… 174
8.3.3 受检查异常 …………………………………… 175
8.4 综合实例 ……………………………………………… 175
8.5 小结 …………………………………………………… 177
8.6 课后习题 ……………………………………………… 177

目录 《高级程序设计语言（Java 版）》

第 9 章 多线程 180
  9.1 理解多线程 180
    9.1.1 线程与进程的概念 180
    9.1.2 多线程的基本概念 181
    9.1.3 线程的状态 181
  9.2 线程优先级 183
  9.3 多线程的实现 185
    9.3.1 继承 Thread 类 185
    9.3.2 实现 Runnable 接口 187
  9.4 多线程的同步 189
  9.5 综合实例 193
  9.6 小结 194
  9.7 课后习题 194

第 10 章 图形用户界面设计 196
  10.1 AWT 和 Swing 简介 196
  10.2 Swing 容器 197
    10.2.1 JFrame 顶层容器 198
    10.2.2 JPanel 面板容器 199
  10.3 布局管理器 200
    10.3.1 流式布局管理器 200
    10.3.2 边框布局管理器 202
    10.3.3 卡片布局管理器 203
    10.3.4 网格布局管理器 205
    10.3.5 网格包布局管理器 206
    10.3.6 盒式布局管理器 207
  10.4 Swing 组件 208
    10.4.1 标签组件 208
    10.4.2 文本组件 209
    10.4.3 按钮组件 211
    10.4.4 树形组件 213
    10.4.5 下拉列表组件 215
  10.5 事件处理 216

	10.5.1	窗口事件处理	217
	10.5.2	焦点事件处理	218
	10.5.3	鼠标事件处理	219
	10.5.4	键盘事件处理	221
10.6	图形处理		222
	10.6.1	图形绘制和填充	222
	10.6.2	字体和颜色处理	224
10.7	综合实例		228
10.8	小结		231
10.9	课后习题		232

第 11 章 集合框架 235

11.1	基本概念	235
11.2	基本的集合接口	235
11.3	集合	236
11.4	列表	238
11.5	映射	242
11.6	枚举和迭代	243
	11.6.1 枚举	243
	11.6.2 迭代	244
11.7	小结	246
11.8	课后习题	246

第 12 章 网络编程 249

12.1	网络基本知识	249
	12.1.1 计算机网络基本概念	249
	12.1.2 Java 网络编程技术	250
12.2	URL 编程	251
	12.2.1 URL 类	251
	12.2.2 URLConnection 类	252
	12.2.3 InetAddress 类	254
12.3	TCP 编程	255
	12.3.1 Socket 类	255

12.3.2　ServerSocket 类 …………… 256
12.4　UDP 编程 ………………………… 257
　　12.4.1　数据报通信概述 …………… 257
　　12.4.2　DatagramPacket 类 ………… 258
　　12.4.3　DatagramSocket 类 ………… 259
　　12.4.4　MulticastSocket 类 ………… 261
12.5　小结 ……………………………… 265
12.6　课后习题 ………………………… 265

附录 A　综合试题 …………………………… 266
附录 B　课后习题答案 ……………………… 276
　第 1 章　课后习题参考答案 …………… 276
　第 2 章　课后习题参考答案 …………… 277
　第 3 章　课后习题参考答案 …………… 278
　第 4 章　课后习题参考答案 …………… 282
　第 5 章　课后习题参考答案 …………… 283
　第 6 章　课后习题参考答案 …………… 284
　第 7 章　课后习题参考答案 …………… 286
　第 8 章　课后习题参考答案 …………… 289
　第 9 章　课后习题参考答案 …………… 291
　第 10 章　课后习题参考答案 ………… 293
　第 11 章　课后习题参考答案 ………… 297
　第 12 章　课后习题参考答案 ………… 298
　附录 A　参考答案 ……………………… 302

第 1 章 绪 论

学习目的与要求

本章主要介绍 Java 语言的特点以及 Java 所应用的平台,然后带领读者从第一步做起并完成第一个 Java 程序,通过对简单 Java 程序的学习来了解 Java 环境的搭建和简单开发步骤。

本章主要内容

(1) 了解程序设计语言的发展历程。
(2) 了解不同类型程序设计语言的特点。
(3) 理解 Java 程序设计语言的实现机制。
(4) 掌握安装并配置 Java 语言开发环境。

1.1 编程语言的发展历程

1.1.1 机器语言

机器语言是由 0 和 1 组成的二进制串,是计算机能够直接识别和执行的一种机器指令的集合。它是计算机诞生和发展初期所使用的语言,对于不同系列 CPU 的计算机所对应的机器语言是不相同的。

在使用机器语言编写程序时,编程人员要在熟记计算机的全部指令及指令含义的基础上,不仅要处理每条指令和数据的存储分配,还要记住编程过程中每步所使用的工作单元处在何种状态等。从而使编程人员既要考虑程序设计的全局,又要花费大量的时间和精力去考虑每一个局部繁杂琐碎的细节。只有经过系统训练的编程人员才能确保程序的正确性、高效性。目前,除了计算机生产厂家的专业人员外,绝大多数据编程人员都已不再学习机器语言了。下面通过一个例子说明机器语言的编程特点。

【例 1-1】 在 8086 CPU 型的计算机中实现两个数据 100 和 256 相加功能。

机器语言代码如下:

机器语言代码	对应的十六进制
10111000 01100100 00000000	B8 64 00
00000101 00000000 00000001	05 00 01
10100011 00000000 00100000	A3 00 20

可以看出,由机器语言编写的程序全是 0 和 1 的指令代码,书写和阅读这些代码并不容易,需要编程人员对计算机的所有细节熟悉,而程序的质量完全取决于个人的编程水平。上面只是一个非常简单的求两数之和代码,就暴露了机器语言的工作量大、直观性差、难读、难写、易出错、不易查错等缺点,只适合专业人员使用。由于机器语言是针对特定型号计算机的语言,计算机可以直接识别,并不需要进行任何翻译,故运算效率是所有语言中最高的。

1.1.2 汇编语言

为了克服机器语言的缺点,人们就试图用一些容易记忆和简洁的英文字母、符号串来替代某一个特定指令的二进制串,这样就形成了汇编语言。如用 ADD 表示加法,SUB 表示减法,MUL 表示乘法,MOV 表示传送数据等。用汇编语言编写的程序叫做汇编语言源程序,计算机不能直接运行汇编语言源程序,必须通过专门的翻译器将这些符号翻译成二进制的机器语言才能被计算机识别和运行。

在使用汇编语言编写程序时,编程人员可依据指令系统和汇编语言的规定进行编写源程序(汇编语言源程序的扩展名为 asm),然后再利用汇编程序(ASM 或 MASM)对源程序进行汇编生成可重定位的目标程序(目标程序的扩展名为 obj),最后利用链接程序(LINK)将一个或多个.obj 文件进行链接,生成可执行文件(可执行文件的扩展名为 exe)。汇编语言源程序、汇编程序、目标程序、链接程序、执行文件之间的关系如图 1-1 所示。

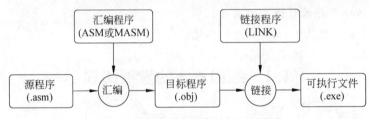

图 1-1 汇编语言程序的处理过程

如果分别使用机器语言和汇编语言实现相同的功能,汇编语言更容易理解。下面通过一个例子来说明汇编语言的编程特点。

【例 1-2】 在 8086 CPU 型的计算机中实现两个数据 100 和 256 相加功能。
汇编语言代码如下:

```
汇编语言代码              代码解释
MOV AX, 100              将 100 传送到 AX 寄存器
MOV BX, 256              将 256 传送到 BX 寄存器
ADD BX, AX               将 AX 与 BX 中的值相加,并把结果存入 BX
```

显然,使用汇编语言编写程序要比机器语言更容易理解和掌握,也容易调试和维护,编写的源程序可读性较强。汇编语言不能被计算机直接理解和执行,需要进行转换。但是,汇编语言本质上还是机器语言,同样十分依赖于机器硬件,针对计算机特定硬件而编制,缺乏通用性,但运行效率仅次于机器语言。由于汇编语言跟硬件紧密相关,能准确发挥计算机硬件的功能和特长,因此目前大多数硬件设备的驱动程序都是使用汇编语言编写的。

1.1.3 高级语言

为了克服机器语言和汇编语言的缺陷,一种形式上接近于算术语言和自然语言,概念上接近于人们日常使用的自然语言且能为计算机所接受的语意确定、规则明确、自然直观和通用易学的计算语言就应运而生了,这就是高级语言。

高级语言主要是相对于汇编语言而言,它并不是像机器语言和汇编语言一样特指某一种具体的语言,而是包括了很多编程语言。

目前，高级语言的种类已经有上百种，但广泛应用的仅有十几种，它们有各自的特点和使用范围，如从 20 世纪 50 年代开始使用的 Fortran 语言多用于科学及工程计算；20 世纪 60 年代的 Cobol 语言多用于商业事务处理和金融业；20 世纪 70 年代的 Pascal 语言多用于结构化程序设计、C 语言常用于软件开发；20 世纪 80 年代的 Prolog 语言多用于人工智能方面；20 世纪 90 年代起使用面向对象的 C++ 语言多用于 C/S 结构的软件开发、Java 语言和 C# 语言多用于网络环境的程序设计等。

2002 年到 2012 年间，排名前三的语言始终是 C 语言、Java 语言和 C++ 语言，总份额占编程语言的 50% 左右，显示了三大主流语言在世界范围内的统治地位。其中，Java 语言在 Web 服务器端的地位相当牢固，而 C 语言和 C++ 语言则是基础软件和大量硬件设备研发的主流开发语言。

高级语言的发展也经历了从早期语言到结构化程序设计语言，从面向过程到非过程化程序设计语言的过程。从高级语言的发展角度对其分类，可以分为以下三类。

1. 面向过程的语言

面向过程的语言有 Fortran、BASIC、Pascal、C 语言等。在使用面向过程的语言进行编程时，编程人员必须用计算机能够理解的逻辑来描述需要解决的问题以及解决问题的具体方法和详细步骤，因此面向过程编程的思想就尤为重要。面向过程编程的核心思想就是通过自顶向下、逐层细化的方法进行功能分解，将一个大问题划分为几个小问题，再将几个小问题划分为更小的问题，以便能够解决问题。程序需要详细描述解题的过程和细节，每一步不仅要说明做什么，还要告诉计算机如何做。

2. 非过程化的语言

非过程化的语言又称为面向问题的语言。在使用非过程化的语言解决问题时，编程人员不必关心问题的求解算法和求解的过程，只需指出计算机要做什么，以及数据的输入和输出形式，就能得到所需要的结果。非过程化的语言的优点在于语言简洁、易学易用，因此已经成为关系数据库访问和操作数据的标准语言。

3. 面向对象的语言

面向对象的语言继承了面向过程的高级语言的结构化设计、模块化、并行处理等优点，并克服了数据与代码分离的缺点，将客观事物看做具有属性和行为的对象，通过抽象找出同一类对象的共同属性和行为，从而形成类，再通过语言中的对象和类直接模拟现实世界的事物。通过类的继承和多态可以很方便地实现代码重用，这样大大提高了程序的复用性和开发效率。常见的面向对象的语言有 C++、C#、Java 等。

1.2　Java 语言简介

Java 语言是由 Sun Microsystems 公司于 1995 年 5 月推出的新一代的程序设计语言，它是一种简单易用、安全可靠、跨平台、多线程的面向对象的程序设计语言，是目前编程领域主流的开发语言之一。Java 语言无处不在，应用领域非常广泛，如桌面应用、嵌入式开发、移动应用开发、企业级应用等。

1.2.1　Java 语言的起源

Java 语言的前身是 Oak 语言，来自 1991 年 Sun 公司的一个名叫 Green 的项目，其最初的目的是为开发一种能够在电视、冰箱等家用消费电子产品上进行交互式操作的分布式代码系统(Oak)。由于当时Java语言的应用对象只限于家用消费类的电子产品,并未被引起注意。直到1993年,全世界第一个Internet网页浏览器Mosaic的诞生为Java语言的发展提供了良好的契机。

当时Internet上的信息内容都是一些静态网页,不能与用户进行交互,人们迫切需要能够在浏览器端与用户进行交互的动态网页。Java语言的主要贡献者James Gosling认为Internet与Java的特性不谋而合,于是便使用Java语言在Internet平台上编写出高交互性的网页程序,实现了其他程序设计语言所无法实现的如类似时钟、统计图等网页特效。因此,1993年Sun公司将目标市场转向Internet,针对网络的一些特性对Java进行了一系列的改进,融合了C和C++等语言的优点,形成了跨平台及可靠性强的面向对象的程序设计语言。随着Internet的迅猛发展,1994年Green项目组成员用Java编制了HotJava浏览器,使得它逐渐成为Internet上受欢迎的编程语言。1995年,Oak被正式命名为Java语言,Java语言也就正式诞生了。

1.2.2 Java语言的特点

Sun公司的Java白皮书对Java语言的定义是:Java语言是一种简单的、面向对象的、分布式的、解释执行的、健壮的、安全的、结构中立的、可移植的、高效的、多线程的、动态的语言。这个定义充分解释了Java语言的特点,有关Java语言特点的说明如表1-1所示。

表1-1 Java语言的特点

特 点	描 述
简单的	① 数据类型、数组、字符串、文件I/O等都封装成类,并采用包装(package)技术按树形层次封装类包 ② 风格类似于C++,但摒弃了C++中容易引发程序错误的地方,如指针操作、多重继承、运算符重载、宏、结构、共用体等 ③ 提供了丰富的类库
面向对象的	① Java语言的设计完全是面向对象的,它不支持类似C语言那样的面向过程的程序设计 ② 提供类、接口和继承,只支持类之间的单继承,但支持接口之间的多继承,并支持类和接口之间的实现机制(关键字为implements)
分布式的	① 提供一个支持HTTP和FTP等基于TCP/IP的子类库,包括URL、URLConnection、Socket等 ② Java应用程序可通过统一资源定位器URL地址直接访问网络上的任何对象 ③ Java的远程方法调用机制(RMI)也是开发分布式应用的重要手段
解释执行的	① 不同于C++的编译执行,Java程序经过编译形成字节码(.class文件),并非针对机型、操作系统的目标文件 ② Java虚拟机负责执行字节码文件,它是解释执行的,是Java解决平台无关性的关键
健壮的	① 提供面向对象的异常(Exception)处理机制,如数组边界检测、检测异常出口、字节代码校验 ② 实现了真数据,避免了覆盖数据的可能 ③ 提供自动内存垃圾收集功能,很好地解决了正确计算内存地址的问题,也省去了在编程时管理内存分配的额外工作量

续表

特 点	描 述
安全的	① 语言结构设计严谨,对象的方法和变量具有 public、protected、private 和友元不同的保护机制 ② 取消了像 C++ 中的指针和释放内存等功能,避免了非法内存操作 ③ 在编译时过行语法、语义的检查,在连接时再进行编译级的类型检查并消除间接对象访问,在运行时将进行字节码检验等 ④ 浏览器在运行.class 文件时,也要对其进行安全检验
结构中立的	① 基本数据类型的大小固定不变,如整型总是 32 位,长整型总是 64 位,消除了代码移植时数据类型大小不一致的问题 ② 将源程序编译成一种结构中立的中间文件格式(字节码),与运行平台无关
可移植的	① 可以在配备了 Java 解释器和运行环境的任何计算机系统上运行 ② 通过定义独立于平台的基本数据类型及运算,Java 数据可以在任何硬件平台上保持一致
高效的	① 字节码可以在运行时被快速地翻译成运行该应用程序的特定 CPU 的机器码 ② 提供"即时编译"方式,即一次将字节码编译成本地代码,并将结果缓存起,在需要的时候再重新调用 ③ 可以监控代码被执行的"热度",即将最常执行的字节码部分可以逐渐翻译成本地代码并小心地优化,能够极大地提高程序执行速度
多线程的	① 内置多线程功能,一个程序中可以同时创建多个线程来执行不同的工作,提供了更好的交互性和实时控制性 ② 提供了线程同步机制,该机制使不同线程在访问共享资源时能够相互配合,保证数据的一致性,避免出错
动态的	① 支持不断变化的运行环境 ② 允许程序动态地装入运行过程中所需要的类,可以在类库中自由地加入新的方法和实例变量,而不影响用户的程序执行

Java 语言是新一代面向对象的程序设计语言,由于它的硬件和软件平台的无关性的特点,已经逐步从一种单纯的高级程序设计语言发展为一种重要的 Internet 平台,并从传统的计算机应用向其他数字设备领域扩展,如移动电子商务、分布式计算技术、企业的综合信息化处理、嵌入式 Java 技术方面都得到广泛应用。

1.2.3 Java 语言实现机制

Java 语言是一门跨平台、高性能和健壮性的语言,只有弄清楚 Java 语言的实现机制才能更好地掌握该语言的精髓。Java 语言实现机制主要由 Java 虚拟机、垃圾回收机制和安全检查机制三部分组成。

1. Java 虚拟机

Java 虚拟机(Java Virtual Machine,JVM)是用软件模拟各种计算机功能的虚拟计算机,是一种用于计算机设备的规范。它定义了指令集、寄存器集、类文件结构栈、垃圾收集堆、内存区域等组件,提供了跨平台能力的基础框架。JVM 在 Java 技术体系(如图 1-2 所示)中处于核心地位,是程序与底层操作系统和硬件无关的关键,从而实现了 Java 的平台无关性。

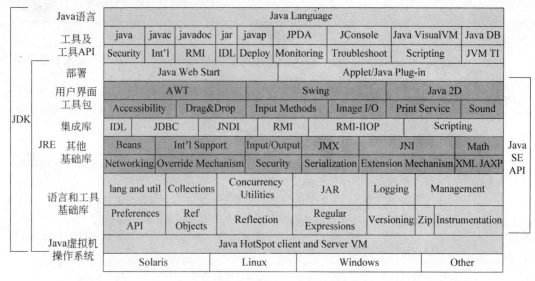

图 1-2 Java 技术体系(Java SE 7)

👉 **注意：**

（1）JDK(Java Development Kit)是 Java 开发工具包，主要用于构建在 Java 平台上运行的应用程序、Applet 和组件等，它比 JRE 多了开发工具和 API。

（2）JRE(Java Runtime Environment)是 Java 开发工具的一个子集，是 Java 程序的运行环境，包括 JVM、Java 核心类库和支持文件，所有的 Java 程序都要在 JRE 下才能运行。

（3）JVM(Java Virtual Machine)是 JRE 的一部分，是运行 Java 程序所必需的，包含 Java 解释器，不同的操作系统需要不同的 JVM。

Java 语言是一种解释执行的语言。在运行 Java 程序时，Java 编译系统先将源文件(.java)编译为字节码文件(.class)，然后通过 Java 虚拟机的及时编译(JIT)或 Hotspot 机制解释执行字节码文件(如图 1-3 所示)为硬件机器指令，并交给 CPU 进行执行显示结果。这样利用 Java 虚拟机就把 Java 字节码文件和具体的硬件平台及操作系统环境分离，只要在不同的计算机上安装了针对于特定平台的 Java 虚拟机，Java 程序就可以正常运行，而不用考虑当前硬件平台及操作系统环境。因此，Java 语言跨平台的特征正是通过 Java 虚拟机实现的。

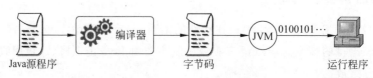

图 1-3 Java 程序运行流程

👉 **注意**：字节码文件是一种和任何具体机器环境及操作系统环境无关的二进制中间代码，编程人员和计算机并不能直接读懂字节码，只能由 Java 解释器进行解释执行。

Java 虚拟机在执行 Java 程序的过程中会把它所管理的内存划分为五个不同的数据区域：方法区、堆空间、线程栈、程序计数器和本地方法。这五个部分和类装载机制及执行引擎机制结合在一起组成的体系结构图如图 1-4 所示。

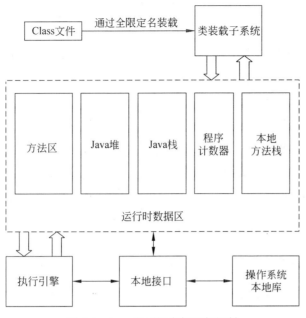

图 1-4 Java 虚拟机内部运行机制

每一台 Java 虚拟机都由一个类加载子系统、一个执行引擎和运行时数据区组成,类加载子系统负责加载程序中的类或接口,并赋予唯一的名字;执行引擎主要负责执行被加载类中包含的指令;运行时数据区负责程序执行所需要的对象、方法的参数、返回值、本地变更、处理的中间变量等额外信息。由图 1-4 可知,运行时数据区又可细分为方法区、堆空间、线程栈、程序计数器和本地方法栈,它们的功能描述如下。

(1) 方法区:用于存储 Java 虚拟机加载的类型信息,如类型基本信息、常量池、字段信息、类变量、指向 ClassLoader 的引用 、Class 类的引用、方法表等。所有线程都共享方法区,如果它无法满足内存分配,将抛出 OutOfMemoryError 异常。

(2) 堆空间:用于存储 Java 程序创建的类的对象实例和数组实例,几乎所有对象实例都在堆上分配。因此,它和方法区一样都是被所有线程共享的一块区域,同时也是垃圾回收器管理的主要区域。

(3) 线程栈:用于存储线程中 Java 方法调用的状态(局部变量、参数、返回值、中间结果等)。Java 栈以帧为单位保存线程的运行状态,一个栈帧包含一个 Java 方法调用的状态。当调用方法时,压入一下栈帧;当方法返回时,弹出并抛弃该栈帧。

(4) 程序计数器:用于指向当前线程所执行的字节码的行号。如果线程执行的是一个 Java 方法,可指向正在执行的虚拟机字节码指令的地址;如果执行的是本地方法,则这个计数器为空。此区域是 Java 虚拟机规范中唯一没有定义任何异常的区域。

(5) 本地方法栈:用于执行本地方法服务,用于实现 JNI(Java 本地接口)。本地方法栈区域也会抛出 StackOverflowError 和 OutOfMemoryError 异常。

为了更深入地理解 Java 虚拟机,下面通过对例 1-5 的分析,来帮助读者理解其工作机制。当启动该程序时,一个 Java 虚拟机的实例就产生了,任何一个拥有 public static void main(String[] args) 函数的 class 都可以作为 Java 虚拟机实例运行的起点。因此,把

Rectangle 类的源文件(Rectangle.java)编译后生成的字节码文件(Rectangle.class)作为 Java 虚拟机实例运行的起点。Java 虚拟机执行 Java 程序的过程描述如下。

(1) Java 虚拟机通过引导类加载器(Bootstrap ClassLoader)加载 Rectangle 类的字节码(Rectangle.class),通过校验之后为类在方法区建立静态内存结构,如图 1-5 所示。

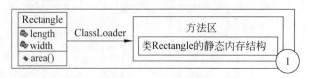

图 1-5 类加载器加载 Rectangle 类

(2) Java 虚拟机启动主线程执行 Rectangle 类的静态方法 main(请查看代码第 7 行),将 main 以帧的方式压入当前线程堆栈,如图 1-6 所示。

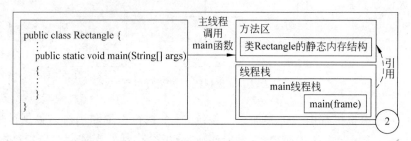

图 1-6 主线程执行 Rectangle 类的静态方法 main

(3) Java 虚拟机通过类加载器加载类 Rectangle,并为 Rectangle 建立方法区内存结构,然后调用 Rectangle 的构造函数,并将其压入当前线程堆栈。执行完毕构造函数之后把构造函数帧从当前线程堆栈中移出,如图 1-7 所示。

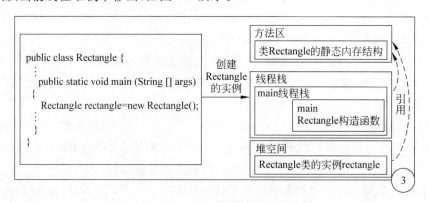

图 1-7 创建 Rectangle 类的实例

(4) Java 虚拟机执行 Rectangle 的实例 rectangle 的 area 方法,并将其压入堆栈,当 area 方法返回结果后,再从当前线程堆栈中移除 area 帧,如图 1-8 所示。

(5) 当主函数 main 执行完毕返回后,当前线程堆栈清空,主线程执行完毕,进程直接退出。

在此过程中,Java 虚拟机不仅起到了字节码解释器的作用,同时具有字节码装载和安全校验的功能。

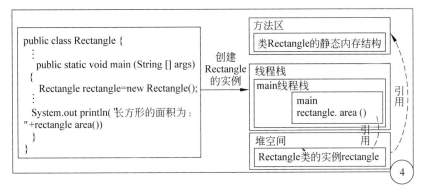

图 1-8　调用 Rectangle 类的实例 rectangle 的 area 方法

2．垃圾回收机制

垃圾回收机制是 Java 程序设计中内存管理的核心概念，是 Java 虚拟机（JVM）用于自动清除不再使用的对象所占用内存资源的一种内存管理机制。只有当对象不再被程序中的任何变量引用时，它的内存才可能被回收，程序并不能迫使垃圾回收器立即执行垃圾回收操作。当垃圾回收器将要回收无用对象的内存时，先调用该对象的 finalize() 方法，该方法有可能使对象复活，导致垃圾回收器取消回收该对象的内存，如图 1-9 所示。

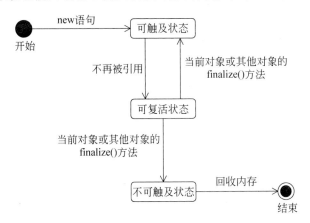

图 1-9　对象状态转换

☞**注意**：当一个对象被创建后，只要程序中还有引用变量引用它，则该对象始终处于"可触及状态"；当 Java 虚拟机执行完所有可复活对象的 finalize() 方法后，如果这些方法都没有使该对象转到可触及状态，则该对象就进入"不可触及状态"；只有当对象处于"不可触及状态"时，垃圾回收器才会真正回收它占用的内存。

Java 语言规范并没有明确地说明 Java 虚拟机使用哪种垃圾回收算法、什么时候进行垃圾回收等重要问题，但是大多数垃圾回收算法都使用了根集（所谓根集就是正在执行的 Java 程序可以访问的引用变量的集合，程序可以使用引用变量访问对象的属性和调用对象的方法）这个概念。垃圾收集首先要确定从根开始哪些是可达的（包括间接可达）和哪些是不可达的，从根集可达的对象都是活动对象，它们不能作为垃圾被回收；而根集通过任意路径不可达的对象符合垃圾收集的条件，应该被回收。常用的垃圾回收算法如下。

1) 引用记数算法(Reference Counting Collector)

这是一种不使用根集的垃圾回收算法。基本思想是：当对象创建并赋值时该对象的引用计数器置1,每当对象给任意变量赋值时,引用记数加1;一旦退出作用域则引用记数减1。一旦引用记数变为0,则该对象就可以被垃圾回收。基于引用计数器的垃圾收集器运行较快,这对于不能被过长中断的实时系统来说有着天然的优势。但是这种算法不能够检测到环(两个对象的互相引用);同时在每次增加或者减少引用记数的时候比较费时间。在现代的垃圾回收算法中,引用记数已经不再使用。

2) 追踪算法(Tracing Collector)

追踪算法是为了解决引用计数算法的问题而提出的,它是基于根集的最基本算法。基本思想是：每次从根集出发寻找所有的引用(称为活对象),每找到一个,则对其做出标记,当追踪完成之后,所有的未标记对象便是需要回收的垃圾。追踪算法基于标记并清除。这个垃圾回收步骤分为两个阶段：在标记阶段,垃圾回收器遍历整棵引用树并标记每一个遇到的对象。在清除阶段,未标记的对象被释放,并使其在内存中可用。

3) 紧凑算法(Compacting Collector)

在追踪算法中,每次被释放的对象会让堆空间出现碎片,这会使得内存的页面管理变得非常不稳定,可能在还有足够内存空间时就发生溢出,这对于本来就紧张的JVM内存资源来说非常不利,由此出现了紧凑算法。基本思想是：在追踪算法进行垃圾回收的基础上,每次标记清扫时顺便将对象全部整理到内存的一端,这样每次分配内存时便都能从顺序的空间开始。每次更新时,对象句柄都指向实际的对象,所有参考它的引用都将通过参考对象句柄来得到对象的实际位置。

4) 复制算法(Copying Collector)

为了克服句柄的开销和解决堆碎片的垃圾回收而提出的另一种针对内存碎片的算法。基本思想是：将内存划分为两个区域,一块是当前正在使用的对象区;另一块是当前未用的空闲区。程序在对象区为对象分配空间,当对象区已满时,基于复制算法的垃圾收集就从根集中扫描活动对象,并将每个对象复制到空闲区,这样空闲区转换为对象区,而原来的对象区变成了空闲区。复制算法在对象区和空闲区的切换过程中需要停止所有的程序活动,这是其不利的地方。

5) 分代算法(Generational Collector)

在程序设计中有这样的规律：多数对象存在的时间比较短,少数存在的时间比较长。简单复制算法的主要不足是它们花费了更多的时间去复制了一些长期生存的对象,针对复制算法效率低的不足,提出了分代算法。分代算法的基本思想是：将内存区域分两块(或更多),其中一块代表年轻代,另一块代表老的一代。针对不同的特点,对年青一代的垃圾收集更为频繁,对老代的收集则较少,每次经过年青一代的垃圾回收总会有未被收集的活对象,这些活对象经过收集之后会增加成熟度,当成熟度到达一定程度,则将其放进老代内存块中。分代算法很好地实现了垃圾回收的动态性,同时避免了内存碎片,是目前许多JVM使用的垃圾回收算法。

6) 适应算法(Adaptive Collector)

在特定的情况下,一些垃圾收集算法会优于其他算法,其主要思想是：在不同的条件下采用不同的回收算法,即动态改变垃圾回收策略。该算法对于垃圾回收的适应性和灵活性有着非常好的调整。

一般来说,Java 开发人员可以不重视 JVM 中堆内存的分配和垃圾处理收集,但是充分理解 Java 的这一特性,可以让人们更有效地利用资源,努力减少这种不确定性给 Java 程序带来的负面影响。另外,finalize()方法是 Java 的默认机制,有时为了确保一些不容易控制、并且非常重要资源的明确释放,可以编写自己的 finalize()方法,如一些 I/O 操作、数据库连接等。

3. 安全检查机制

Java 虚拟机在执行字节码时,需要对字节码进行安全检查,其步骤如下。

(1) 由类加载器(Class Loader)负责把类文件加载到 Java 虚拟机中,在此过程中需要检验该类文件是否符合类文件规范。

(2) 字节码校验器(Bytecode Verifier)检查该类文件的代码中是否存在着某些非法操作,如 Applet 程序中写本机文件系统的操作。

(3) 如果字节码检验器检验通过,就由 Java 解释器负责把类文件解释成机器码进行执行。

在此过程中,类加载器(Class Loader)不仅可以保护被信任的类库边界,也可以装载的代码归入某个保护域,从而防止恶意代码去干涉该代码;字节码检验器要对程序中的代码进行四趟扫描,可以保证代码将遵循 JVM 规范,而且不破坏系统的完整性。字节码检验器主要检查的内容有:类是否遵循 JVM 的类文件格式、是否出现访问违例情况,代码是否会引起运算栈溢出,所有运算代码的参数类型是否总是正确的,是否会发生非法数据转换,对象域访问是否合法等。

1.3 Java 集成开发环境

Java 集成开发环境是指 Java 的开发工具和相应的软件及硬件环境,要进行 Java 程序设计,至少需要以下两种软件工具。

(1) JDK:Java 开发者工具包,用来对编写的 Java 源程序进行编译,对部署描述符、类文件等进行打包,生成.jar 文件。

(2) Java 源代码编辑工具。目前 Java 的开发工具很多,最简单的方式是使用编辑器(如记事本、UltraEdit、EditPlus)与控制台的组合(建议初学者使用这种方式),另外还有功能更强大的集成开发工具,如 Eclipse、NetBeans IDE、JBuilder 等。如果要进行 J2EE 的开发,还需要安装各公司的应用服务器和相应的开发工具。在使用这些开发工具之前,最好能熟知这些软件的优缺点,以便根据实际情况选择应用。下面介绍两种常用的免费 Java 集成开发工具。

① Eclipse:最早由 IBM 公司研发,其前身为 IBM 的 Visual Age,后来 IBM 将 Eclipse 作为开放源代码的项目发布。它是一个框架和一组服务,通过各种插件构建开发环境,而且提供了对多重平台特性的支持。开发者可以使用他们感觉最舒适、最熟悉的平台,例如 Windows、Linux、MacOS 等。它的优点也不仅仅这些,要想更深入地了解,可到其官方网站 (http://www.eclipse.org/)了解最新信息。

② Netbeans:是一种开源软件开发集成环境,是一个开放框架,可扩展的开发平台,可

以用于 Java、C/C++、PHP 等语言的开发,本身是一个开发平台,可以通过扩展插件来扩展功能。它包括开源的开发环境和应用平台,开发人员可以利用该平台快速创建 Web、企业、桌面以及移动的应用程序,要了解更多的信息可到其官方网站(http://www.netbeans.org)进行查询。

如果要进行 Java EE 的开发,还需要有相应的应用服务器。常见的应用服务器如下。

(1) Sun 公司的 Java EE 企业版:免费的 Java EE 容器,可作为 Java EE 功能的演示和教学版。

(2) IBM 公司的 Websphere Application Server:市场占有率最高的应用服务器,因为具有非常好的稳定性,常被用来当做重要电子商务场合的应用服务器。

(3) BEA 公司的 Weblogic:市场占有率仅次于 Websphere,对 Java EE 标准支持的比较好,具有较好执行速度。

(4) 开源免费的 JBoss:无须安装,速度、性能都十分优异,对系统要求较低,部署 EJB 速度非常迅速。

(5) Apache 软件基金会的 Jakarta 项目中的一个核心项目 Tomcat:运行时占用的系统资源小,扩展性好,支持负载平衡与邮件服务等开发应用系统常用的功能。

1.4 构建开发环境

1.4.1 JDK 安装配置

JDK 的最新版本(目前 JDK 最新版本为 JDK 7)可以从官网下载(网址为 http://www.oracle.com/technetwork/java/javase/downloads/index.html)。下载完成后,进行安装,安装步骤如下。

1. 安装 JDK 7

单击 jdk-7u1-windows-i586.exe,进入如图 1-10 所示的界面。

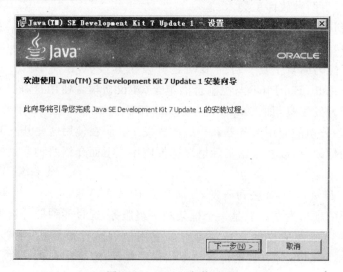

图 1-10　JDK 7 安装界面

如要采用默认安装,只需要按照安装向导一步一步单击"下一步"即可,直到单击"完成"按钮,JDK 安装成功。

2. 设置环境变量

安装完 JDK 后,还需要设置环境变量,在这里我们一共设置了三个环境变量:PATH、CLASSPATH、JAVA_HOME(这里变量名最好用大写)。设置方法如下。

(1) 右击"我的电脑"→"属性"→"高级"→"环境变量"→"系统变量",出现如图 1-11 所示的界面。

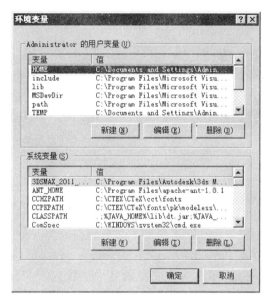

图 1-11　JDK 环境变量设置

(2) 在"系统环境变量"中设置上面提到的三个环境变量,如果变量已经存在就单击"编辑"按钮,否则单击"新建"按钮。单击系统变量下的"新建"按钮,出现"新建系统变量"对话框,如图 1-12 所示。

图 1-12　"新建系统变量"对话框

三个变量的设置如表 1-2 所示。

(1) 环境变量设置完成后,单击"确定"按钮,退出环境变量设置。

(2) JDK 检验:JDK 安装完成后,可以检验一下是否安装成功,在 DOS 命令行窗口下,输入 java-version 命令可以查看到安装的 JDK 版本信息;输入 java 命令,可以看到此命令的帮助信息,则说明安装成功,如图 1-13 所示。

表 1-2　三个变量的设置

变量名	变 量 值
JAVA_HOME	指明 JDK 的安装路径,就是刚才安装时所选择的路径(默认路径为 C:\Program Files\Java\jdk1.7.0_01),此路径下包括 lib、bin、jre 等文件夹
PATH	使得系统可以在任何路径下识别 java 命令,设为 %JAVA_HOME%\bin;%JAVA_HOME%\jre\bin
CLASSPATH	CLASSPATH 为 Java 加载类路径,只有类在 CLASSPATH 中,Java 命令才能识别,设为 .;%JAVA_HOME%\lib;%JAVA_HOME%\lib\tools.jar 注意:CLASSPATH 变量是以".;"开始,表示当前路径

图 1-13　java-version 命令查看到安装的 JDK 版本信息

1.4.2　Eclipse 安装配置

从 Eclipse 的官方网站(www.eclipse.org)下载最新版本的 Eclipse Classic 4.2.1,其压缩包名为 eclipse-SDK-4.2.1-win32-x86_64.zip,然后解压到自己想放置的目录下即可,如 D:\Eclipse。当要运行 Eclipse 时,可在解压完成的目录里找到 eclipse.exe,双击该图标后将启动 Eclipse。当第一次运行 Eclipse 的时候会自动寻找 JDK 并完成相应配置,如果没有安装或没有正确安装 JDK 便会出现图 1-14 所示的提示。

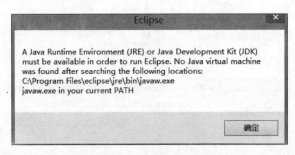

图 1-14　无法正常启动 Eclipse

这时就要检查一下 JDK 是否安装正确,以及环境变量是否配置正确等。

1.5　熟悉 Eclipse 开发工具

本节可以让你对 Eclipse 有一个快速的了解,便于以后进行 Java 的开发。如果你已经很熟悉 Eclipse 开发工具,可以跳过这一节内容。前面已经成功安装了 Eclipse,现在试运行一下 Eclipse,检查它是否安装成功了。启动 Eclipse 时,会弹出一个设置工作空间路径的对话框,如图 1-15 所示。

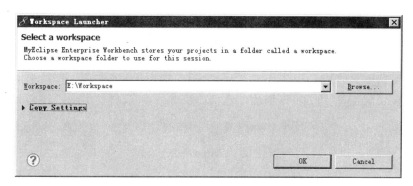

图 1-15　设置工作空间路径对话框

选择相应的工作路径,并且将下面选项选上后,这样以后启动 Eclipse 就不会再弹出该对话框。单击 OK 按钮,开始运行 Eclipse,运行完毕后,出现一个欢迎界面,表示 Eclipse 已经安装成功。

1.5.1　界面布局

Eclipse 和常见的带界面的程序一样,也支持标准的界面和一些自定义的概念。完整的界面布局如图 1-16 所示。

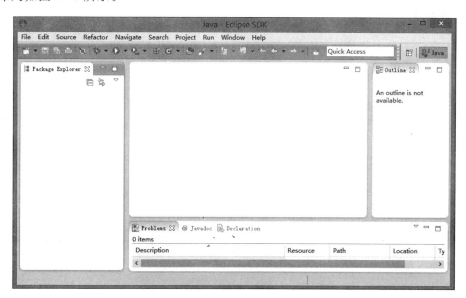

图 1-16　Eclipse 完整的界面布局

1. 菜单

界面最上面是菜单条,菜单条中包含菜单(如 File)和菜单项(如 File→New),菜单项下面还可能显示子菜单(如 Window→Show View→Console)。虽然菜单条包含了大部分的功能,但是和常见的 Windows 软件不同,Eclipse 的命令不能全部通过菜单来完成。Eclipse 的菜单条如图 1-17 所示。

图 1-17　Eclipse 中的菜单条

2．工具栏

位于菜单条下面的是工具栏,它包含了最常用的功能。当拖动工具栏上的竖线时,可以更改按钮显示的位置。Eclipse 中的工具栏如图 1-18 所示。

图 1-18　Eclipse 中的工具栏

常见的 Eclipse 工具栏按钮及其对应的功能如表 1-3 所示。

表 1-3　Eclipse 工具栏按钮及对应的功能

工具栏按钮	功　　能	工具栏按钮	功　　能
	新建文件或项目		运行程序
	保存		新建 Java 包
	打印		调试程序
	跳过所有断点		新建 Java 类

3．透视图

透视图位于工具栏的最右侧,一个透视图就相当于一个自定义的界面,保存了当前的菜单栏,工具栏按钮和视图的大小、位置、显示与否的所有状态。单击 按钮可以在多个透视图之间切换,通过不同的透视图,便于用户在多种常用的功能模块下工作,如图 1-19 所示。

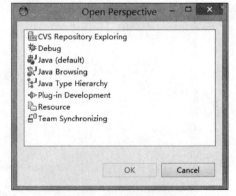

4．视图

视图是显示在主界面中的一个小窗口,可以单独最大化、最小化显示、调整显示大小和位置。Eclipse 的界面就是由这样一个个的小视图窗口组合起来,方便用户进行操作。图 1-20 显示的是控制台视图。

每个视图包括关闭、最大化和最小化按钮、视

图 1-19　透视图切换器

图工具栏、视图主体和边框组成。视图最顶部显示的是标题栏,拖动标题栏可以在主界面中移动视图的位置;双击标题栏或者单击最大化按钮 可以让当前视图占据整个窗口;单击 将会关闭当前的视图;单击 将会最小化当前视图。

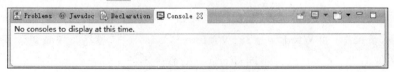

图 1-20　控制台视图

5. 状态栏

状态栏一般在界面的最底部,主要显示当前工作的状态,如图 1-21 所示。

图 1-21　状态栏

6. 编辑器

编辑器在界面的最中间,用一编辑代码或图形文件等。编辑器和视图非常相似,也有最大化和最小化,但编辑器还会显示多个标签页,没有工具栏,而且比视图还多一个隔条,隔条上会显示行、警告、错误、断点等提示信息。可以在编辑器内编写代码、调试等相关的操作。Eclipse 中的编辑器如图 1-22 所示。

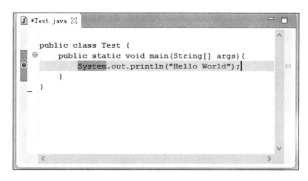

图 1-22　Eclipse 中的编辑器

1.5.2 常用操作

Eclipse 常用的操作有新建项目、导入和导出项目、快速修正代码错误、增删查改 JRE、查找类文件、格式化源代码、注释和取消注释、断点调试等。下面分别介绍这些常用的操作。

1. 新建项目

首先介绍一下 Eclipse 中有关项目的概念,项目表示了一系列相关的文件、类路径、编译器、发布路径等设置,而和项目有关的可编译运行的资源都要放在相应的项目目录下。要新建一个项目,只要单击菜单栏中的 File→New,在显示的子菜单栏中选择要新建的项目类型即可,比如新建一个 Java Project 项目,如图 1-23 所示。

图 1-23　新建一个 Java Project 项目

出现如图 1-24 所示的对话框,在"Project name:"输入项目名,如 FirstProject,JRE 选择 JavaSE-1.7,相应的参数配置完后单击 Next→Finish 按钮,完成 Java Project 项目的创建。

若要关闭已打开的项目,可以先选中要关闭的单个或多个项目,然后单击菜单 Project→Close Project 或者右击选择菜单 Close Project;若要打开已关闭项目,可先选中单个或多个项目,然后选择菜单 Project→Open Project 或者右击选择菜单 Open Project。

图 1-24　新建项目对话框

2. 导入、导出项目

如果希望把已有的项目导入到 Eclipse 开发环境中进行编辑和查看,可以单击 File→Import,然后在弹出的 Import 对话框中展开 General 目录,选择 Existing Projects into Workspace,如图 1-25 所示。

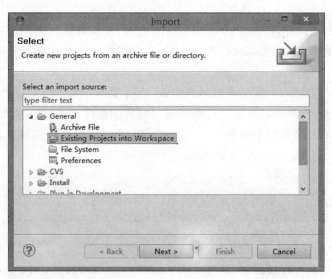

图 1-25　Import 对话框(一)

接着单击 Next 按钮,如果项目为 zip、jar 等压缩包形式,请选中单选按钮"Select archive file"选中包含项目的压缩包;如果项目为文件夹形式,则要选中单选按钮"Select root directory",单击"Browse"按钮选中包含项目标文档夹,最后单击 Finish 按钮就可以导入并打开项目。具体的细节如图 1-26 所示。

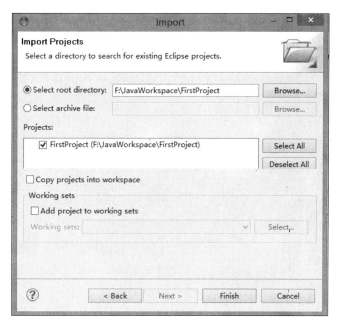

图 1-26　Import 对话框(二)

若要导出项目,单击菜单 File→Export 然后在弹出的 Export 对话框中展开 General 目录,选择 Archive File,如图 1-27 所示。

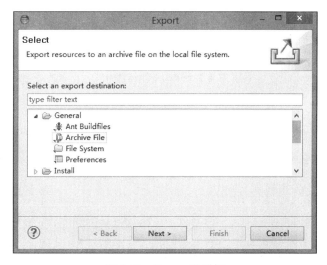

图 1-27　Export 对话框

接着单击 Next 按钮,然后在"To archive file"输出框中选中要保存的文件名,一般写成项目名.zip,然后单击 Finish 按钮即可导出当前项目,如图 1-28 所示。

3. 修正代码错误

在 Eclipse 的编辑器中编写代码及编译后会显示检查出来的错误或警告并在出问题的代码行首的隔条上显示红叉及点亮的灯泡。单击灯泡或者按快捷键 Ctrl+1 可以显示修正

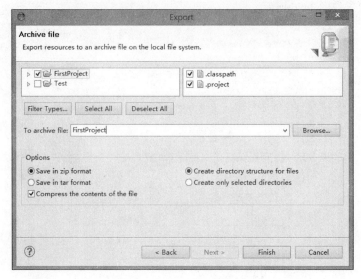

图 1-28　导出项目对话框

意见,并在修正前显示预览,如图 1-29 所示。

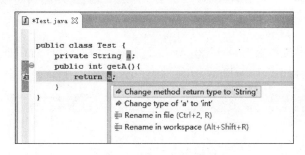

图 1-29　修正代码错误

4. 优化导入列表

在编写代码时,经常会因为没有导入相应的包和类或者导入了一些无用的包和类而出现错误信息。可以通过菜单 Source→Organize Imports 或者按快捷键 Ctrl+Shift+O 重新组织并去掉无用的类和包。

5. 增删查改 JRE

在创建项目、导入项目时,往往会用到相应的 JRE,这时就需要加入相应的 JRE 列表。以 FirstProject 项目为例,假定这个项目用到了相应的 JRE、Junit 和 Java 库文件。在 FirstProject 项目上右击,在属性菜单中选择 Properties,在出现的窗口中单击框架左边的 Java Build Path,单击框架右边的 Libraries,如图 1-30 所示。

可以选中相应的 JRE,进行编辑、删除操作。若要添加新的 JRE,单击 `Add JARs...` 或 `Add External JARs...` 选项进行添加。如果要为该项目添加 Junit 测试库,单击 `Add Library...`,选项出现如图 1-31 所示的对话框。

选择 Junit,单击 Next 选择相应的版本,最后单击 Finsh 按钮,会发现如图 1-31 所示的配置安装 JRE 中多了一项 `JUnit 4`,说明 Junit 添加成功。

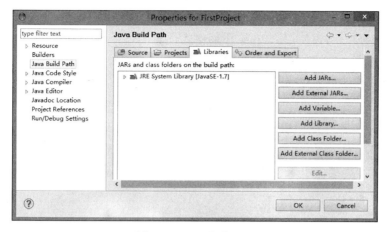

图 1-30　配置安装 JRE

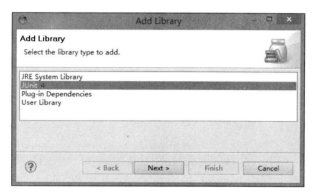

图 1-31　添加库对话框

6. 查找类文件

在开发过程中,经常要查找某个类型的定义,可以通过选择菜单 Navigate→Open Type,或使用快捷键 Ctrl+Shift+T,这时出现 Open Type 对话框,在 Enter type name prefix or pattern 输入框中输入类的头几个字母,或使用？和 * 等通配符来进行模糊查找,此时对话框下面的列表会显示匹配的类文件。如我们想查找 String 类相关的方法和成员信息,可以输入 String,结果如图 1-32 所示。

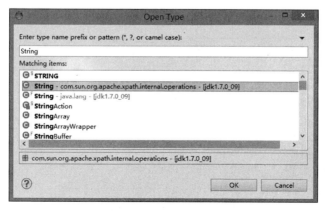

图 1-32　查找类文件结果

7. 格式化源代码

在编写完代码后,可以使用 Eclipse 中的格式化源代码命令对代码进行格式化,这有利于版本冲突时进行对比和文件合并。通过选择菜单 Source→Format 或者使用快捷键 Ctrl+Shift+F 来快速格式化成代码模板中的格式。当然也可以自己定义代码格式化的模板,在菜单 Windows→Perferences→Java→Code Style→Formatter 中可以选择"Edit"创建自己的代码模板,如图 1-33 所示。

图 1-33　代码格式对话框

8. 断点调试

在开发程序的过程中,经常要查找并修改程序中出现的错误,这个过程称为程序调试。代码中有错误是在所难免的,无论程序员多么优秀,程序总是会有一些问题,好一点的程序员会找出其中一部分错误,并更正它们。但更多的错误比较棘手,它们只在运行期间发生。在 Eclipse 的编辑器中的源代码隔条上双击可以切换是否在当前行设置断点,断点的显示形式如图 1-34 中第 9 行所示。

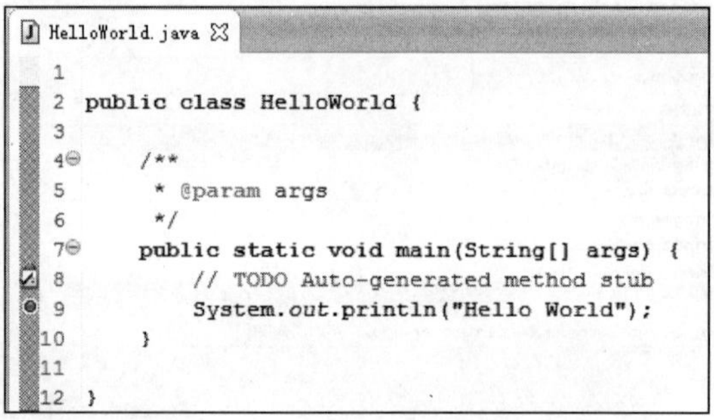

图 1-34　断点的显示形式

设置断点后，可以通过菜单 Run→Debug 或通过工具栏按钮 ，或者按快捷键 F11 来启动调试器。当调试器运行至断点时就会挂起当前线程并切换到调试透视图。调试透视图将会显示 Debug 视图、Variables 视图、Breakpoints 视图和 Expressions 视图，参见图 1-35。

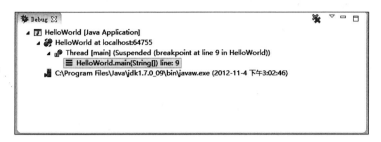

图 1-35 Debug 视图

Debug 视图中显示了当前所有运行中的线程以及执行的代码所在的位置。而 Variables 视图则显示当线程所执行到的方法或类中的局部、全局等变量的值，如图 1-36 所示。

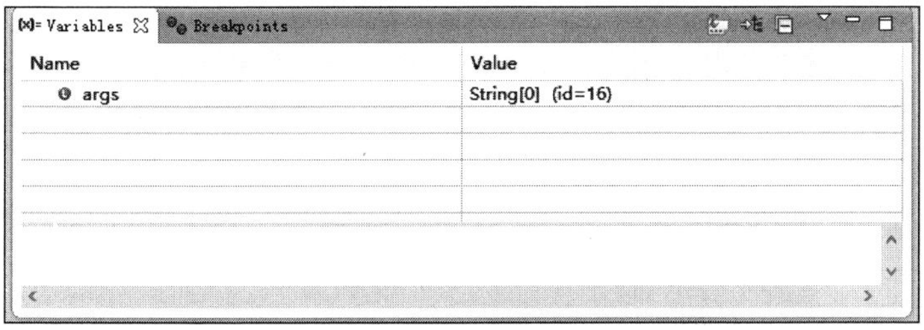

图 1-36 Variables 视图

这时线程已经挂起，单击 Debug 视图的 按钮来继续往下执行；要重新挂起可以选择某个线程，然后单击 按钮；要逐行执行，可以单击 按钮或者按 F6 键；要终止调试，可以单击 按钮。

注意：如果想深入了解 Eclipse 开发环境的更多使用技巧，请查看相关资料和书籍。

1.6 小　　结

本章主要介绍程序设计语言的发展历程及特点，也简要介绍了高级程序设计语言中面向过程语言、非过程化语言和面向对象语言的基本设计思想及特征，还详细讲解了 Java 语言的特点及实现机制，并通过实例讲解了 Java 虚拟机、垃圾回收机制和安全检查机制。最后介绍了支持 Java 语言的集成开发工具，并对 Java 环境的搭建和 Java 开发工具 Eclipse 的常用操作进行讲解。通过本章的学习，可以对程序设计语言的发展历程及 Java 语言的特点和开发环境有初步的认识，为后面章节的学习奠定基础。

1.7 课后习题

1. 名词解释：指令，机器语言，汇编语言，高级语言。
2. 将以下二进制数转换为对应的十进制数。
   (1) 111　　　(2) 10011　　　(3) 110011　　　(4) 10001100
3. 目前 Sun 公司提供的适用不同开发规模的 JDK 有哪些？
4. Java Application 的开发步骤有哪些？
5. 编写一个 Java Application 程序，实现分行显示字符串"Welcome to China"中的 4 个单词。

第 2 章 核心语法

学习目的与要求

本章重点对 Java 的基本语法进行阐述,从关键字的认识、数据类型的种类到运算符、表达式的学习这几个角度来初步地学习 Java 语言。基础决定上层建筑,只有弄清楚了 Java 语言中最基本的内容,才能写出基本的代码,进而组成完整的程序。

本章主要内容

(1) 认识 Java 关键字。
(2) 认识 Java 标识符。
(3) 重点学习基本的数据类型。
(4) 对运算符有一个清晰的认识。
(5) 知道什么是表达式,会写表达式。

2.1 关键字和标识符

2.1.1 什么是关键字

关键字又称为保留字,关键字是计算机语言中事先定义好的一组具有特殊意义的标识符。Java 关键字对 Java 编译器具有特殊的意义,它们是用来表示 Java 语言中的数据类型或者程序结构(数据类型和程序结构会在本章的后续章节中讲到,如果此处不明白可以查询 2.3 节内容)。

每一种计算机语言都会有自己的关键字,如果一种计算机没有关键字,就如同我们所熟悉的英语没有介词的规定一样,在学习一种计算机语言的时候必须遵循基本的关键字,如同遵循游戏规则和交通规则一样。Java 语言中有 48 个核心关键字,下一节将会介绍这 48 个关键字,并对常用的关键字进行解释。

2.1.2 Java 中的关键字

Java 中的关键字如表 2-1 所示。

表 2-1 Java 关键字

abstract	assert	boolean	break
byte	case	catch	char
class	continue	default	do
double	else	enum	extends
final	finally	float	for
if	implements	import	instanceof
int	interface	long	native

续表

new	package	private	protected
public	return	strictfp	short
static	super	switch	synchronized
this	throw	throws	transient
try	void	volatile	while

Java 常用关键字解释如下。

abstract 关键字可以修改类或方法，abstract 类可以扩展（增加子类），但不能直接实例化，abstract 方法不在声明它的类中实现，但必须在某个子类中重写。

例：

```
public abstract class TestClass{

}
public abstract String TestMethod();
```

boolean 变量的值可以是 true 或 false。

例：

```
booleana=true;
   if (a){
   <statements>
}
```

break 用于提前退出 for、while 或 do 循环，或者在 switch 语句中用来结束 case 块。

例：

```
for (i=0; i<max; i++){
    if (<loop finished early>){
        break;
    }
}
```

case 用来标记 switch 语句中的每个分支。

例：

```
inta=<some value>;
switch (a){
    case 1:
        <statements>
        break;
    case 2:
        <statements>
        break;
    case3:
```

```
        <statements>
        break;

    default:
        <statements>
        break;
}
```

catch 关键字用来在 try-catch 或 try-catch-finally 语句中定义异常处理块。

例：

```
try{
    <可能引发异常的块>
}
catch (<Exception>a){
    <处理异常 a 的代码>
}
```

char 是 Java 原始类型，char 变量可以存储一个 Unicode 字符。

例：

```
charstar='*';
```

extends 关键字用在 class 或 interface 声明中，用于指示所声明的类或接口是其名称后跟有 extends 关键字的类或接口的子类。

例：

```
public class TestSubClass extends TestClass {
}
```

implements 关键字在 class 声明中使用，以指示所声明的类提供了在 implements 关键字后面的名称所指定的接口中所声明的所有方法的实现。

例：

```
public class Woman implements IPerson{
}
```

import 关键字使一个包中的一个类或所有类在当前 Java 源文件中可见。可以不使用完全限定的类名来引用导入的类。

例：

```
import java.io.*;
import java.net.*;
```

interface 关键字用来声明新的 Java 接口，接口是方法的集合。

例：

```
public interface IPolygon{
    public float getArea();
```

```
    publicintgetNumberOfSides();
    publicintgetCircumference();
}
```

protected 关键字是可以应用于类、方法或字段的访问控制修饰符。
例：

```
public class PublicTestClass{
    protected class PrivateTestClass{
    }
}
```

static 关键字可以应用于内部类（在另一个类中定义的类）、方法或字段（类的成员变量）。
例：

```
public class PublicTestClass{
    public final static inta=100;
    staticintb=0;
}
```

while 关键字用于指定一个只要条件为真就会重复的循环。
例：

```
while (!find){
    <statements>
}
```

根据 Java 关键字的使用频率，针对一部分重要的关键字进行了解释和举例，在后面的章节中还会对这里没有出现的关键字讲解，这里不再赘述。了解 Java 所有的关键字不仅可以奠定语言基础，而且可以保证规范编程（关键字不能作为变量名）。

2.1.3　Java 标识符及命名规则

在 Java 语言中，标识符是用来给类、对象、方法、变量、接口和自定义的数据类型命名的。Java 标识符由数字、字母和下划线（_）、美元符号（$）组成。这里的字母包括：
(1) 大写字母 A～Z。
(2) 小写字母 a～z。
(3) Unicode 中所有字母序号大于十六进制数 00C0 的所有字符。

Java 标识符和关键字一样，标识符的命名规则同样是编写规范代码的基础，下面详细解释 Java 标识符的命名规则。
(1) 标识符由大小写字母，下划线，数字，$ 符号组成。
(2) 首字符可以是大小写字母，下划线和 $ 符号（数字不能作为首字符）。
(3) 标识符不能是关键字。
(4) Java 语言对字母的大小写有严格的要求。
(5) 标识符的命名最好能反映出其作用。

（6）所有自定义标识符必须全部遵循标识符的命名规范。

下面举例说明。

合法字符：

Test; long8; _underline; $sign

不合法字符：

8long(首字符不能为数字)
a123&bc(不能有非法字符 &)
interface(不能为关键字)
TEST Long(不能含有空格)
a+b(不能含有运算符)

2.2 数 据 类 型

2.2.1 数据类型的定义和分类

数据类型是计算机程序设计语言中最基本的概念，它是对数据的分类，对数据各自的特点进行类别的分类，分类后的每种数据类型都具有它自己的特点，每种数据类型都有相应的操作功能。

Java语言中的数据类型和其他高级语言类似，可以简单概括为两种数据类型：简单类型和复合数据类型。其中简单类型又包括了整数、浮点数、布尔类型、字符类型等，复合数据类型则包括了数组、类、接口等，复合数据类型是由简单类型复合而成的，如图2-1所示为Java数据类型的结构图。

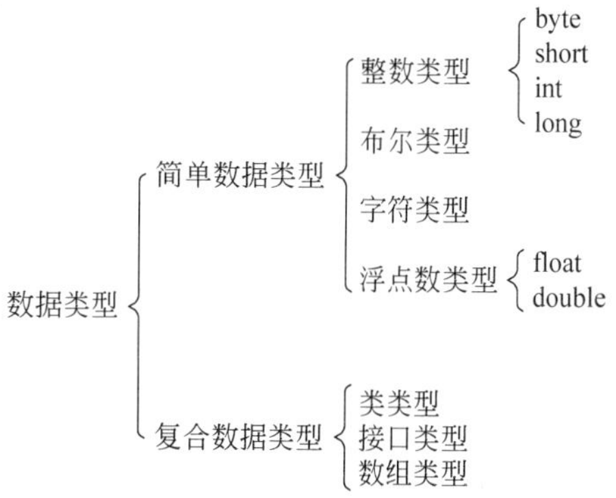

图 2-1 数据类型结构图

从结构图中可以看到简单数据类型中的整数类型包括了byte类型、short类型、int类型和long类型，浮点类型包括了float类型和double类型，之所以细分，是因为不同的类型取值范围不同。之所以把数据类型放在如此重要的位置来详细阐述，是因为数据类型在程序中不仅确定了不同数据类型的取值范围（具体的数据范围会在后续章节中详细阐述），而且也确定了对这些数据类型的操作方式。

在Java的8种基本数据类型中，由于不同类型具有的取值范围不同，操作方式也不同，因此区分数据类型是学习一门计算机语言最基本的重点学习内容。由于复合数据类型是由简单数据类型复合而成，因此本章重点讲解简单数据类型部分。

2.2.2 常量

常量是指不能改变的量，在计算机程序运行过程中，常量始终保持不变。如同物质的部分属性始终不可改变一样，例如，水的熔点是0℃，金属的密度为一恒定不变的值。常量可以简单地分为两类：自然常量和自定义常量。

自然常量本身就是常量,就如同数字 100,人们无法改变它的数字,这个数字是永远不变的,因此被称为自然常量。如果在程序中定义语句:

```
100=10;
```

这样的语句将会导致程序运行错误。

同数字一样,字符串也是常量,例如,"Hello World",如果定义语句:

```
Hello World=java;
```

这样的语句同样会导致程序运行错误。

自定义常量和变量的不同点在于它们在定义的时候被赋值,赋值以后就不能改变了,如果试图改变自定义常量的数值将会导致程序错误。例如,定义一个变量,如果使用 double 这个关键字,那么赋值形式为

```
double 常量名=常量值;
```

例:

```
double TEST=123.456;           //将 123.456 赋值给 TEST,定义为 double 类型
```

在 Java 程序设计中,自始至终都会使用到常量的定义,知道了常量的类型后还需要知道定义常量的注意事项。

(1) 人们习惯使用 final 关键字来定义常量。
(2) 在 Java 类中习惯使用 static 关键来定义常量。
(3) 常量一旦被定义一般不能被更改。
(4) 常量在定义的时候,就需要对常量进行初始化。例如,double TEST=123.456。
(5) 在给常量命名的时候,一般都用大写字符。

综上所述,不管想要做一名合格的 Java 开发人员,还是任何一种开发语言的程序员,需要牢记以上定义常量的注意事项(当然,不同开发语言的要求略有区别),不要在基本的语法点犯错误,否则的话,会被编辑器拒绝并提示错误信息,不仅影响开发效率,在将来大规模代码的开发框架中会无法适从。

2.2.3 变量

变量是相对于常量而言的,变量是内存中的一种存储位置。变量存储了数据,它与各种操作符之间都有关联,简单说变量是操作的作用目标。对变量的操作包括变量的声明和变量的赋值。

1. 变量的声明

在使用变量的第一步即对变量声明,当然需要事先定义好变量的名称(一般全部为大写字母,如 TEST),变量的声明格式为

```
数据类型 变量名称;
```

当需要声明多个变量的时候,也可以对多个变量写在一条语句里面,不同变量之间用逗号隔开即可,例如:

数据类型 变量名称,数据类型 变量名称,数据类型 变量名称;

给变量命名的时候必须使用合法标识符。标识符除了合法之外,还需要规范,最好使用有意义的变量名称,例如,长方形可以使用 RECTANGLE,对象可以使用 OBJECT 等。

下面是定义两个类型为 int 的变量 NUMBER 和 FIGURE:

```
int NUMBER;
int FIGURE;
```

或

```
int NUMBER,FIGURE;
```

下面是定义两个类型为 double 的变量 FLOAT 和 DECIMALS:

```
double FLOAT;
double DECIMALS
```

或

```
double FLOAT,DECIMALS;
```

2. 变量的赋值

在 Java 中,变量在使用前必须要先赋初始值(需要特别注意的是,Java 中的所有类型中,除了 null 类型以外都可以定义变量。),人们习惯在变量定义的时候赋初始值。有两种赋值方式,变量的赋值格式为

数据类型 变量名称=变量值;

或

数据类型 变量名称;
变量名称=变量值;

需要注意的是赋值的数据类型需要跟变量的数据类型一致,否则会出现错误。下面是合法规范的变量声明实例,下面的语法定义了一个类型为 int 型,名称为 test 的变量,并将变量 test 赋值为 1:

```
int test=1;
```

或

```
Int test;
Test=1;
```

3. 应用实例

对变量有了一定认识后,再看一个变量声明和赋值的综合应用实例。

【例 2-1】 VariableTest.java。

```
class VariableTest{
    public static void main(String args[]){
```

```
        //变量的声明和赋值部分
        string STRING1;
        STRING1="Hello java! ";
        String STRING2="Hello world !";
        double PI=3.14;
        int test=3;

        //输出结果
        System.out.println(STRING1);
        System.out.println(STRING2);
        System.out.println(PI);
        System.out.println(test);
    }
}
```

运行结果：

```
Hello java!
Hello world !
3.14
3
```

程序说明：

这段程序没有特别的地方，是对变量的声明和赋值的简单总结。需要明确的几点是：变量的名字要有意义，变量赋值的两种方式，建议大家多做练习，熟悉各种变量声明和赋值的情况，这样才能早日做到技术全面。

4. 变量的作用域

变量的作用域就是变量起作用的区域，这依赖于变量在程序中所在的位置，Java 语言中根据变量的位置可以分为局部变量和全局变量。

在一个方法或方法里和在代码块中定义的变量称为局部变量，局部变量在方法或代码块被执行时创建，在方法或代码块结束时被销毁。局部变量在进行取值操作前必须被初始化或进行过赋值操作，否则会出现编译错误。与局部变量类似，在一个方法之外使用的变量称为全局变量。

下面给出有关作用域的一个实例。

【例 2-2】 ScopeTest.java。

```
public class ScopeTest{
public static void main(String args[]){

    //变量声明
    int a;
    //变量赋值
    a=1;
    int b;
    b=2;
```

```
            int temp;

            //变量 a、b、temp 的作用域开始
            temp=a;
            a=b;
            b=temp;

            System.out.println("the result is: a="+a+"; b="+b);

            System.exit(0);

            //变量 a、b、temp 的作用域结束
        }
}
```

运行结果：

the result is: a=2; b=1

程序说明：

该段代码定义了 ScopeTest 类，main 方法中声明了一个整型变量 a，将其赋值为 1，然后声明了一个整型变量 b，将其赋值为 2。接下来声明了一个与 a、b 同种类型的变量 temp，不对其进行赋值。该段程序的主要功能是利用中间变量 temp 实现对 a 和 b 的变量值互换。最终输出变量互换后的结果。在程序的注释中我们可以看到三个变量 a、b 和 temp 的作用域开始和结束的地方。

认识变量的作用域便于理解一个变量在程序中的作用范围。区别局部变量和全局变量有利于清晰地认识各种变量在程序中是如何起作用的。

下面是关于局部变量的几点说明。

（1）main 方法中定义的变量只在主函数中有效。

（2）不同的方法中可以使用相同的变量名，且它们代表不同的存储单元，互不干扰。

（3）形式参数也是局部变量，其他方法不能调用该形参。

（4）在一个方法内部，可以在复合语句中定义变量，这些变量只能在本复合语句中有效。

关于全局变量的几点说明。

（1）若在同一个源文件中，如有全局变量与局部变量同名时，则在局部变量的作用范围内，全局变量不起作用。

（2）设置全局变量的作用是增加函数间数据联系的渠道。

（3）由于同一个文件中的所有方法都能引用全局变量的值，因此，如果在一个方法中改变了全局变量的一个或多个值，就能影响其他方法，相当于各个方法间有直接的传递通道。

一般来说，在写程序的过程中要尽量使用局部变量，但是如果以后的程序设计中，同时遇见两种变量的情况也很常见，这时一定要注意区分两者作用域的范围。对于局部变量和全局变量的区别，大家可以做简单了解，更重要的是在实践中慢慢体会。

☞**注意**：为什么尽量使用局部变量，因为调用方法时传递的参数以及在调用中创建的临时变量都保存在栈（Stack）中，速度较快，其他变量，如静态变量、实例变量等，都在堆（Heap）中创建，速度较慢。另外，依赖于具体的编译器和 JVM，局部变量还可能得到进一步优化。

2.2.4 整数类型

前面提到过，整型是 Java 数据类型中最基本的类型，整数类型又包括四种类型，分别是 byte、int、short、long。之所以细分为这四种类型，是因为各种整数类型所表示的范围有所不同，如表 2-2 所示。

表 2-2 数据类型表（一）

数据类型	关键字	占位数	默认	取 值 范 围
字节	byte	8	0	−128～127
短整型	short	16	0	−32 768～32 767
整型	int	32	0	−2 147 483 648～2 147 483 647
长整型	long	64	0L	−9 223 372 036 854 775 808～9 223 372 036 854 775 807

从表 2-2 中可以看出这四种数据类型的区别，主要表现在占位数和对应的取值范围上，下面是整数类型的实例：

```
byte test1=126;
byte number1=-126;

short test2=200;
short number2=-200;

int test3=1000;
int number3=-1000;

long test4=12345L;
long test5=0X111;
long number4=-12345L;
```

通过如上代码可以较为清晰地看到，这四种类型在变量定义的时候取值范围的区别，这里不再过多解释。该实例的目的是让大家明白整数类型中，四种不同类型的使用环境，精确地使用可以保证节约计算机资源，也同时避免了程序出错。

2.2.5 浮点数类型

浮点数类型与整数类型的不同在于，浮点数类型包括数字中的小数部分，如 3.141 59。前面提到，浮点数类型包括两种基本类型：float 类型和 double 类型，同整数类型一样，它们的数据类型表如表 2-3 所示。

表 2-3 数据类型表(二)

数据类型	关键字	占位数	默认	取值范围
浮点型	float	32	0.0F	1.401 298 464 324 817 07e−45～3.402 823 466 385 288 60e+38
双精度型	double	64	0.0D	4.940 656 458 412 465 44e−324～1.797 693 134 862 315 70e+308

float 和 double 都有两种表示方法,分别是小数表示法和指数表示法,基于这两种表示方法,下面是浮点数类型的实例:

```
float test1=3.14f;
double test2=3.14;
float test3=123e12F;
double test4=123e-13;
```

在 Java 语言中有这样的规定,小数类型默认为 double 类型,如果要强制指定某一类型为 float 类型的话,必须在这个小数后面加上 f,如 3.14f。同整数类型一样,浮点数类型在变量赋值的时候也要保证其准确性。

2.2.6 字符类型

字符类型是一种可以表示字符的数据类型,字符类型用 char 标识,字符是一个 16 位无符号整数。

在 Java 语言中,字符常量有普通字符和转义字符两种类型,可以用一对单引号表示一个普通的字符常量。例如:

```
char test1='a';            //表示一个小写字符
char test2='A';            //表示一个大写字符
char test3='\u001E';       //表示一个 Unicode 码
char test4='111';          //表示一个整数
char test5='字';           //表示一个汉字
```

☞ **注意**:Unicode 编码又叫统一码、万国码或单一码,是一种在计算机上使用的字符编码。它为每种语言中的每个字符设定了统一并且唯一的二进制编码,以满足跨语言、跨平台进行文本转换、处理的要求。它于 1990 年开始研发,1994 年正式公布。随着计算机工作能力的增强,Unicode 也在面世以来的十多年里得到普及。

前已述及,字符常量有普通字符和转义字符两种类型,对于不能直接输入的字符,需要使用转义字符。转义字符表如表 2-4 所示。

表 2-4 转义字符

转义符	转义符含义	转义符	转义符含义
\b	退格	\\	反斜杠符\
\n	换行符,光标位置移到下一行首	\'	单引号符'
\r	回车符,光标位置移到当前行首	\"	双引号符"
\t	水平制表符	\nnn	n 为八进制数字,用八进制表示字符
\v	竖向退格符	\unnn	n 为十六进制数字,用十六进制表示字符
\f	走纸换页		

☞ **注意**：点的转义：. ==> u002E

美元符号的转义：$ ==> u0024

乘方符号的转义：^ ==> u005E

左大括号的转义：{ ==> u007B

左方括号的转义：[==>u005B

左圆括号的转义：(==>u0028

竖线的转义：| ==>u007C

右圆括号的转义：) ==>u0029

星号的转义：* ==>u002A

加号的转义：+ ==>u002B

问号的转义：? ==>u003F

反斜杠的转义：\ ==>u005C

2.2.7 布尔类型

布尔类型又称为逻辑类型，布尔类型的主要作用是用来判断，因此取值只有两种，true 和 false，布尔类型的结果只用来表示真、假，要注意使用布尔值时候的表达式，例如：

```
boolean test1=false;
if(test1=true){
    ⋮
}if(test1==true){
    ⋮
}
if(test1==false){
    ⋮
}
```

程序说明：

该程序把变量 test1 定义为 boolean 类型，并且取值为 false。接下来定义了三个条件语句 if，判断变量 test1 进入哪个循环的唯一标准即 if 循环括号内的条件是否为真，如果为真则进入循环，上面代码只有第三个循环 if(test1 == false)满足为 true 的条件，因此进入该循环。

布尔类型在数据类型中算是最简单的类型，但是也同样是最常用的类型，在判断是否进入循环，判断是否进入条件语句等情况下都会遇见，熟练地使用 boolean 类型能够使自己的程序结构清晰易懂，因此不能忽视。

2.2.8 字符串类型

基本数据类型中的最后一种是字符串类型，Java 语言把字符串作为对象来处理，字符串类型用 String 和 StringBuffer 类来表示。字符串类型与字符类型不同，字符类型 char 只能用来表示一个字符，而字符串类型 String 是用来表示多个字符的，并且没有对字符串里面的字符数量进行限制。

String 对象用来表示固定字符串,所以跟字符串常量联系在一起。String 类的字符串可以直接用赋值运算符进行初始化,例如:

```
String str1="Hello world!";
String str2="Today is Monday.";
```

或

```
String str1, str2;
Str1="Hello world!";
str2="Today is Monday.";
```

也可以利用 String 类的构造方法进行初始化,StringBuffer 类创建的对象可以包含可修改的字符串。StringBuffer 对象中的内容可以随意改变,并且在程序执行期间,它的大小可以自动增加或缩小。关于 String 类的构造方法会在第 7 章数组和字符串中详细讲解,这里不再举例说明。因此现在需要弄清楚的是最基本的字符串类型,会使用简单字符串类型声明和赋值即可。

☞**注意**:Java 语言中的 String 类型与 C 和 C++ 不同点是 String 不能用\0 作为结束符。

在讲解了所有的基本数据类型以后,在这里给出一个综合实例,用来区分这几种数据类型。

【例 2-3】 Test.java。

```java
public class Test {
    public static void main(String args[]) {

        // 声明并赋值 int
        int number=123;
        // 声明并赋值 float
        float PI=3.14f;
        // 声明并赋值 double
        double dPI=3.1415;
        // 声明并赋值 boolean
        boolean bool=true;
        // 声明并赋值字符 char
        char a='a';
        // 声明并赋值 String
        String str="hello";

        // 输出结果
        System.out.println(number);
        System.out.println(PI);
        System.out.println(dPI);
        System.out.println(bool);
        System.out.println(a);
        System.out.println(str);
```

        }
    }

运行结果：

123
3.14
3.1415
true
a
hello

2.2.9 数据类型转换

通过上述章节已经知道，Java 语言是典型的支持面向对象的程序语言，但是考虑到有些基本数据类型的结构简单、占内存小、存取速度快等优点，Java 语言仍然提供了对这些非面向对象的简单数据类型的支持，当然，对这些简单数据类型之间的转换也具有一定的规则。数据类型之间的转换，大致可以分为两种方式：自动类型转换和强制类型转换，通常发生在表达式中或方法的参数传递时。

1. 自动类型转换

具体来说，当一个较"小"数据与一个较"大"的数据一起运算时，系统将自动将"小"数据转换成"大"数据，再进行运算。而在方法调用时，实际参数较"小"，而被调用的方法的形式参数数据又较"大"时（若有匹配的，当然会直接调用匹配的方法），系统也将自动将"小"数据转换成"大"数据，再进行方法的调用，自然，对于多个同名的重载方法，会转换成最"接近"的"大"数据并进行调用（这里我们所说的"大"与"小"，并不是指占用字节的多少，而是指表示值的范围的大小）。

下面是自动类型转换需要遵循的规则以及详细的转换规则：

(byte,short,char)→int→long→float→double
最低→较低→中→较高→最高

自动类型转换规则如表 2-5 所示。

表 2-5　自动类型转换规则

类 型 一	类 型 二	转 换 后
byte、short	int	int
byte、short、int	long	long
byte、short、int、long	float	float
byte、short、int、long、float	double	double
char	int	int
double	double	不需要进行类型转换
boolean	boolean	不需要进行类型转换

从上述规则中可以看出自动类型的转化规则,当表 2-5 中的类型一和类型二进行运算的时候,如果没有进行强制类型转换,那么会自动的转换为表 2-5 中第三列的类型。下面给出实例。

【例 2-4】 Transform1.java。

```java
public class Transform1{
    public static void main(String args[]){

        long num=1234567890L;
        float NUM=num;

        System.out.println(NUM);
    }
}
```

运行结果:

1.23456794E9

程序说明:

隐式地将整型转换为浮点型变量可能会出现精度的降低。从本实例结果可以看出,丢失了第 8 位精度。因为将 long 类型赋值给了 float 类型且没有进行强制数据类型转换,因此导致结果不准确。

【例 2-5】 Transform2.java。

```java
public class Transform2{
    public static void main(String args[]){

        short number1=1;
        short number2=2;

        //编译错误
        short number=number1+number2;
    }
}
```

程序说明:

该实例在编译的时候会出现错误。

具体原因在于表达式 short number=number1+number2 的操作,虽然表达式右端的 number1 和 number2 均被定义为了 short 型变量,但是在执行求和操作的时候,Java 会把所有低于 int 的整数类型自动转换为 int 类型,所以结果也一定是 int 型,前面学习了自动类型转换规则,我们知道无法再将 int 赋值给 short 类型,除非进行强制类型转换,下一节会详细讲解出现诸如此类问题时的应对方法——如何进行强制类型转换。

2. 强制类型转换

与自动类型转换相反的是强制类型转换,因为自动类型转换不能满足所有的需要,如同上述两个实例一样,这个时候需要对数据类型进行强制转换,也就是将将"大"数据转换为"小"数据,但必须采用下面这种语句格式:

数据类型 变量=(数据类型)表达式;

例如:

int number=(int)3.14*3.14;

可以想象,这种转换肯定会导致溢出或精度的下降。在强制类型转换的时候还需要注意以下两个问题。

(1)当字节类型变量参与运算,Java做自动数据运算类型的提升,将其转换为int类型。

```
byte a;
a=2;
a=(byte)(a*2);
```

(2)带小数的变量默认为double类型。

```
float f;
f=3.14f;
```

知道了强制类型转换的格式和使用情况,看一个实例。

【例 2-6】 Force.java。

```
class Force {
    public static void main(String []args){

        //变量声明并且赋值
        byte number1=10;
        byte number2=20;

        byte number3=(byte)(number1+number2);

        System.out.println(number3);
    }
}
```

运行结果:

30

程序说明:

这个实例与例 2-5 类似。知道了当字节类型变量参与运算,Java做自动数据运算类型的提升,将其转换为int类型,因此此在对a3赋值的时候需要对其进行强制类型转换(byte)。

最后,需要介绍一下Java中常用数据类型转换函数,熟知这些函数在以后的程序设计中,可以提高开发效率(当然可以去API中找):

string->byte
Byte static byte parseByte(String s)

byte->string
Byte static String toString(byte b)

char->string
Character static String to String (char c)

string->Short
Short static Short parseShort(String s)

Short->String
Short static String toString(Short s)

String->Integer
Integer static int parseInt(String s)

Integer->String
Integer static String tostring(int i)

String->Long
Long static long parseLong(String s)

Long->String
Long static String toString(Long i)

String->Float
Float static float parseFloat(String s)

Float->String
Float static String toString(float f)

String->Double
Double static double parseDouble(String s)

Double->String
Double static String toString(Double)

2.3 运算符和表达式

2.3.1 理解运算符和表达式

1. 运算符

运算符是指程序中用来处理数据的符号。Java 语言同其他高级计算机语言一样，内部都定义了各种运算符，根据功能来划分，基本运算符可以分为以下几大类：算数运算符、关系运算符、逻辑运算符、位运算符、赋值运算符、条件运算符和其他运算符。下面介绍运算符所包含的元素。

(1) 算数运算符：+、-、*、/、%、++、--。
(2) 关系运算符：>、<、>=、<=、==、!=。
(3) 逻辑运算符：!、&&、||。
(4) 位运算符：>>、<<、>>>、&、|、^、~。
(5) 赋值运算符：=及其扩展赋值运算符(如+=)。
(6) 条件运算符：?。
(7) 其他运算符：()、[]、instanceof、new、+。

运算符的优先级如表2-6所示。

表2-6 运算符优先级

运 算 符	优 先 级
[]、.	高
!、++、--、~	
%、/、*	
+、-	
<<、>>、>>>	
<、<=、>、>=	
==、!=	
&	
^	
|	
&&	
||	
?	低
=、+=、-=、*=、/=、%=、^=、&=、<<=、>>=、>>>=	

2. 表达式

在计算机语言中，表达式是用来指明程序中求值规则的基本语言成分，运算符只是表达式的一部分，除此之外，表达式还包括操作的对象。表2-6给出的运算符优先级其实就是表达式的计算规则，与C和C++语言一样，Java语言表达式规则也是利用运算符优先级、结合性以及括号来控制的。

在今后的学习中，还会接触到正则表达式，正则表达式可以极大地提高开发效率和代码的可读性。

2.3.2 算数运算符

算术运算符也就是数学中学到的加、减、乘、除等运算。这些操作可以对几个不同类型的数字进行混合运算,算数运算符的运算数必须是数字类型。算数运算符可以被分为一元运算符和二元运算符,一元运算符包括正、负、自增、自减;二元运算符包括加、减、乘、除、求余。算数运算符表如表2-7所示。

表2-7 算数运算符

	运 算 符	说 明
一元运算符	＋ － ＋＋ －－	正 负 自增 自减
二元运算符	＋ － ＊ ／ ％	加 减 乘 除 求余(模)

现在要学习的是这9个运算符分别是如何使用的。

(1) ＋表示正值,如＋9、＋99,当数字是正值时,人们习惯省略前面的＋,因此一般会直接写为9、99。

(2) －表示负值,如－9、－99,表示两个负数,与数学相同。

(3) ＋＋表示自增,如＋＋6或6＋＋,如果＋＋在数字前面表示先自增后运算,＋＋在数字后面表示先运算后自增。

(4) －－表示自减,如－－6或6－－,如果－在数字前面表示先自减后运算,－－在数字后面表示先运算后自减。

(5) ＋表示加操作,如1＋2、a＋b等,注意＋操作也表示字符串的连接,可以不全为数字。

(6) －表示减操作,如9－8、3.14－1.1等。

(7) ＊表示乘操作,如9＊8、3.14＊1.1等。

(8) /表示除操作,如9/8、3.14/1.1等。

(9) ％表示求模操作,如8％3。

由于算数运算符设计的都是最基本的数学操作,因此,下面直接通过两个综合实例分别学习一元运算符和二元运算符。

【例2-7】 ArithmaticTest1.java。

```
public class ArithmaticTest1{
    public static void main(String[] args){

        //算术运算操作
        int x=10;
        int a=x+x++;

        //输出结果
```

```java
            System.out.println("a="+a);
            System.out.println("x="+x);

            int b=x+++x;
            System.out.println("b="+b);
            System.out.println("x="+x);

            int c=x+x--;
            System.out.println("c="+c);
            System.out.println("x="+x);

            int d=x+--x;
            System.out.println("d="+d);
            System.out.println("x="+x);
    }
}
```

运行结果：

a=20

x=11

b=23

x=12

c=24

x=11

d=21

x=10

程序说明：

该实例通过自增自减操作演示了一元运算符的使用，需要注意的是＋＋x 操作和 x＋＋操作的区别，＋＋x 先执行自增操作，x＋＋后执行自增操作。

【例 2-8】 ArithmaticTest2.java。

```java
public class ArithmaticTest2{
    public static void main( String args[]){

        //变量的声明和赋值,并且同时进行算术运算
        int a=8+2;
        int b=a*2;
        int c=b/4;
        int d=b-c;
        int e=-d;
        int f=e%4;
        double g=18.6;
        double h=g%4;

        //输出结果
```

```
            System.out.println("a="+a);
            System.out.println("b="+b);
            System.out.println("c="+c);
            System.out.println("d="+d);
            System.out.println("e="+e);
            System.out.println("f="+f);
            System.out.println("g="+g);
            System.out.println("h="+h);
    }
}
```

运行结果:

a=10
b=20
c=5
d=15
e=-15
f=-3
g=18.6
h=2.6000000000000014

程序说明:

该程序用一个连贯的例子,综合演示了所有的二元运算符,同数学运算基本一致,属于最基础、最简单的运算。

2.3.3 关系运算符

关系运算符在 Java 语言中用来比较两个值,返回的是布尔值 true 或 false。这里要区别 C 和 C++ 语言的返回值,C 和 C++ 语言返回 1 或 0。下面介绍关系运算符的所有运算符,如表 2-8 所示。

表 2-8 关系运算符

运算符	说 明	返回值	运算符	说 明	返回值
>	大于	true 或 false	<=	小于等于	true 或 false
>=	大于等于	true 或 false	==	等于	true 或 false
<	小于	true 或 false	!=	不等于	true 或 false

【例 2-9】 Reletion.java。

```
public class Reletion {
    public static void main(String[] args){

        //变量声明和赋值
        boolean x, y, z;
        int a=100;
```

```
        int b=40;
        double c=66;

        //关系运算
        x=a>b;
        y=a<b;
        z=a !=b;

        //输出结果
        System.out.println("x="+x);
        System.out.println("y="+y);
        System.out.println("z="+z);
    }
}
```

运行结果：

```
x=true
y=false
z=true
```

程序说明：

这段代码实现了 a、b、c 之间关系的比较，运行结果显示的 x、y、z 结果可以清晰地得出前面的结论。

2.3.4 逻辑运算符

在 Java 语言中，有三种常用的逻辑运算符，分别是"非"，用符号"!"表示、"与"，用符号"&&"表示、"或"，用符号"‖"表示。下面是这三种主要的逻辑运算符所表达的含义和其对应的真值表。

(1) 非运算符用来表示相反的意思，逻辑非的真值表如表 2-9 所示。

表 2-9 逻辑非的真值表

A	!A	A	!A
true	false	false	true

(2) 与运算符表示和的意思，逻辑与的真值表如表 2-10 所示。

表 2-10 逻辑与的真值表

A	B	A&&B	A	B	A&&B
false	false	false	false	true	false
true	false	false	true	true	true

(3) 或运算符表示两者或三者只要一个或一个以上为真，则结果为真，逻辑或的真值表如表 2-11 所示。

表 2-11 逻辑或的真值表

A	B	A‖B	A	B	A‖B
false	false	false	false	true	true
true	false	true	true	true	true

对于逻辑运算的技巧,一般会先求出运算符左边的表达式的值。对逻辑或运算如果结果为 true,则整个表达式的结果一定为 true,也就不必对运算符右边的表达式再进行运算;但是如果结果为 false,则需要继续验证运算符右边的结果。同样,对于逻辑与运算,如果左边表达式的值为 false,则不必对右边的表达式求值,整个表达式的结果为 false;如果左边的表达式为 true,则需要继续验证运算符右边的结果。

三种逻辑属于数学中的基础问题,这里不再赘述,基本要求是看懂真值表即可。下面是关于逻辑运算的实例。

【例 2-10】 Logic.java。

```java
public class Logic{
    public static void main(String[] args){
        
        //声明布尔型变量
        boolean x, y, z, a, b;
        
        //对 a 和 b 进行关系运算
        a='a'>'b';
        b='R'!='r';
        
        //进行逻辑运算,结果分别存放到 x、y、z 中
        x=!a;
        y=a && b;
        z=a||b;
        
        //输出结果
        System.out.println("x="+x);
        System.out.println("y="+y);
        System.out.println("z="+z);
    }
}
```

运行结果:

x=true
y=false
z=true

程序说明:

代码中首先定义了布尔类型的 5 个变量:x、y、z、a、b,然后分别对 a 和 b 进行关系运算,继续对 a 和 b 进行逻辑运算,结果分别存放到 x、y、z 中,最后输出。根据前面讲解过的逻辑运算规则,可以得到正确的运行结果。

2.3.5 位运算符

位运算符是用来对二进制进行的操作，Java 语言中位运算符也分为一元运算符和二元运算符，位运算符如表 2-12 所示。

表 2-12 位运算符

	运算符	说明
一元运算符	~	位反
二元运算符	&	位与
	|	位或
	^	位异或
	<<	左移
	>>	无符号右移
	>>>	带符号右移

1. 位反（~）

将二进制位取反，0 变为 1，1 变为 0，例如：

a: 0000000000010110
~a: 1111111111101001

2. 位与（&）

将二进制位做与操作，0 与 0 为 0、0 与 1 为 0、1 与 0 为 0、1 与 0 为 0、1 与 1 为 1，例如：

a: 0000000000010110
b: 0000000000000011
a&b: 0000000000000010

3. 位或（|）

将二进制位做或操作，0 或 0 为 0、0 或 1 为 1、1 或 0 为 1、1 或 1 为 1，例如：

a: 0000000000010110
b: 0000000000000011
a|b: 0000000000010111

4. 位异或（^）

对二进制位做异或操作，0 异或 0 为 0、0 异或 1 为 1、1 异或 1 为 0，例如：

a: 0000000000010110
b: 0000000000000011
a^b: 0000000000010101

5. 位左移（<<）和位右移（>>，>>>）

移位运算符也是二进制的位。可以单独用移位运算符来处理整型数据。

左移位运算符用符号<<表示，它是将运算符左边的对象向左移动运算符右边指定的位数（在低位补 0）；有符号右移运算符，用符号>>表示，它是将运算符左边的运算对象向右移动运算符右侧指定的位数；无符号右移运算符，用符号>>>表示，它同有符号右移运算符的移动规则是一样的。

【例 2-11】 Bit.java。

```java
public class Bit{
    public static void main(String[] args){

        //变量声明并赋值
        int a=22;
        int b=3;

        //对 a、b 进行位操作
        int x=a<<b;
        int y=a>>b;
        int z=a>>>b;

        //输出结果
        System.out.println(a+"<<"+b+"="+x);
        System.out.println(a+">>"+b+"="+y);
        System.out.println(a+">>>"+b+"="+z);
    }
}
```

运行结果：

22<<3=176
22>>3=2
22>>>3=2

程序说明：

程序中首先定义了两个整型变量 a＝22 和 b＝3，然后对其进行移位操作，计算机程序在运行的过程中，首先会将 a 转换为 16 位二进制的形式，然后进行左移和右移操作，根据位运算的计算规则，可以得出正确的结果，大家可以选择其他数据进行运算，然后编写代码通过 Eclipse 做结果验证。

2.3.6 赋值运算符

简单的赋值运算符其实大家都已经遇见过了，它的语法形式很简单：变量＝表达式；如同数学中的计算公式一样。重点需要理解的是 Java 语言中的扩展赋值运算符，赋值运算符中表 2-13 所示。

表 2-13 赋值运算符

运算符	Java 表示法	说　明	运算符	Java 表示法	说　明
＋＝	a＋＝b	a＝a＋b	＆＝	a＆＝b	a＝a＆b
－＝	a－＝b	a＝a－b	|＝	a|＝b	a＝a|b
＊＝	a＊＝b	a＝a＊b	＾＝	a＾＝b	a＝a＾b
/＝	a/＝b	a＝a/b	>>＝	a>>＝b	a＝a>>b
％＝	a％＝b	a＝a％b	>>>＝	a>>>＝b	a＝a>>>b

【例 2-12】 Assign.java。

```java
public class Assign {
    public static void main(String args[]){

        //变量定义和赋值
        int num1=8;
        int num2=32;
        char a='A';
        char b='B';

        //赋值运算
        num1+=3;
        num2-=10;
        num2/=2;

        a+=6;
        b-=1;

        //输出结果
        System.out.println("num1="+num1);
        System.out.println("num2="+num2);
        System.out.println("a="+a);
        System.out.println("b="+b);
    }
}
```

运行结果：

num1=11
num2=11
a=G
b=A

2.3.7 条件运算符

条件运算符在程序设计中较为常用，它可以简化代码量，使代码简洁、可读性强。求解关系表达式，根据关系表达式的布尔值决定取值：关系表达式的值为 true 时取表达式 1 的值；关系表达式的值为 false 时取表达式 2 的值。条件运算符形式如下：

关系表达式 ?表达式 1：表达式 2

需要注意的几点如下。

(1) 当各种运算符同时出现的时候，条件运算符的优先级低于关系运算符和算数运算符，但是高于赋值运算符。

(2) 条件运算表达式中的结果必须为布尔类型。

(3) 右结合性。

【例 2-13】 Condition.java。

```java
public class Condition {
    public static void main(String[]args){

        //声明并赋值整型变量
        int a=44;
        int b=66;
        int x;

        //进行条件运算
        x=a>b?a:b;

        //输出结果
        System.out.println("x="+x);

    }
}
```

运行结果：

x=66

2.4 小 结

本章作为 Java 语言的基础，用较长的篇幅讲解了 Java 的核心语法，简单代码中也做了较为详细的解释。对于有计算机语言基础的读者来说，Java 语言的语法一定不陌生，后续章节会介绍 Java 语言中更高级的组成部分，例如，类、对象，以及其他高级特性。这些元素将会提供更复杂、更强大的功能。

本章的重点内容如下。

(1) Java 语言中的关键字和标识符。

(2) 数据类型的定义和分类，对每一种数据类型都要有清晰的认识，能够区分和使用不同的数据类型，会使用强制类型的转换。

(3) 常量和变量的定义，以及变量的声明、赋值、作用域等内容。

(4) 明确表达式的定义。

(5) 区分各种运算符，知道不同运算符的定义、组成和使用规则。

(6) 学会编写简单的应用程序。

2.5 课后习题

1. 下面(　　)是合法的 Java 标识符。
   A. #_pound   B. _underscore   C. 5Interstate   D. class

2. 下面(　　)赋值语句不会出现编译警告或错误。

A. float f=1.3;   B. char c=" a";   C. byte b=257;   D. int i=10;

3. 执行完下面程序片段后,( )的结论是正确的。

```
int a, b, c;
a=1;
b=2;
c= (a+b>3 ? a++ : b++);
```

A. a 的值是 2,b 的值是 3   B. a 的值是 1,b 的值是 3

C. a 的值是 1,b 的值是 2   D. c 的值是 false

4. 在 Java 语句中,运算符 && 实现( )。

A. 逻辑或   B. 逻辑与   C. 逻辑非   D. 逻辑相等

5. 下列 Java 标识符,错误的是( )。

A. _sys_varl   B. $change   C. User_name   D. 1_file

6. 下列不属于简单数据类型的是( )。

A. 整数类型   B. 类   C. 符点数类型   D. 布尔类型

7. 在 Java 中,八进制数以( )开头。

A. 0x   B. 0   C. 0X   D. 08

8. 在 Java 中,十六进制数以( )开头。

A. 0x   B. 0   C. 0X   D. 08

9. 下列方法定义中,正确的是( )。

A. int x(int a,b) {return (a-b);}

B. double x(int a,int b) {int w; w=a-b;}

C. double x(a,b) {return b;}

D. int x(int a,int b) {return a-b;}

10. 下列方法定义中,正确的是( )。

A. void x(int a,int b); {return (a-b);}

B. x(int a,int b) {return a-b;}

C. double x {return b;}

D. int x(int a,int b) {return a+b;}

11. 下列方法定义中,不正确的是( )。

A. float x(int a,int b) {return (a-b);}

B. int x(int a,int b) {return a-b;}

C. int x(int a,int b); {return a*b;}

D. int x(int a,int b) {return 1.2*(a+b);}

12. 下列方法定义中,正确的是( )。

A. int x(){char ch='a'; return (int)ch;}

B. void x(){…return true;}

C. int x(){…return true;}

D. int x(int a, b){return a+b;}

13. 下列方法定义中,方法头不正确的是( )。

A. public int x(){…}

B. public static int x(double y){…}

C. void x(double d) {…}

D. public static x(double a){…}

14. 下列语句序列执行后，m 的值是(　　)。

```
int a=10, b=3, m=5;
if(a==b) m+=a;
else m=++a * m;
```

A. 15   B. 50   C. 55   D. 5

15. 下列语句序列执行后，k 的值是(　　)。

```
int i=4,j=5,k=9,m=5;
if(i>j||m<k) k++;
else k--;
```

A. 5   B. 10   C. 8   D. 9

16. 下列语句序列执行后，x 的值是(　　)。

```
int a=2, b=4, x=5;
if(a<--b) x*=a;
```

A. 5   B. 20   C. 15   D. 10

17. 下列程序片段的执行，说法正确的是(　　)。

```
public class test{
    public static void main(String args[]){
        byte b=100;
        int i=b;
        int a=2000;
        b=a;
        System.out.println(b);
    }
}
```

A. b 的值为 100   B. b 的值为 2000
C. 第 6 行出错   D. 第 8 行出错

18. Java 语言对于合法标识符的规定是什么？指出以下哪些为合法标识符。

_a $a   int   a%   a   a2   3a   *a

19. 下列程序 test 类中的变量 c 的最后结果为(　　)。

```
public class test
{
    public static void main(String args[])
    {
        int a=10;
```

```
                int b;
    int c;
    if(a>50)
            {
                b=9;
            }
        c=b+a;
    }
            }
```

20. 请说明数据类型有哪些及其分类。

21. 请说明 Java 语言中都有哪些运算符。

22. 编写一个 Java Application 程序,实现分行显示字符串"Welcome to xiamen City!"中的四个单词。

23. 用穷举法求出 3 位数中百、十、个位数的立方和就是该数的数。

24. 以下程序代码存放在文件 test.java 中,读程序,写出编译和运行该程序时的输出结果。

```
public class test {
private String myStr;
public One(String str) {
    myStr=str;
}
public void getString(String str) {
    System.out.println(myStr+" "+str);
}
}
```

25. 经典习题:利用条件运算符的嵌套来完成此题:学习成绩>＝90 分的同学用 A 表示,60～89 分之间的用 B 表示,60 分以下的用 C 表示。

第 3 章　流程控制语句

学习目的与要求

本章重点对 Java 的控制结构进行阐述，流程控制是一个程序的重要组成部分，读者需要首先了解 Java 流程控制中所有语句的组成，然后分别学习 if-else 语句、while 语句、do-while 语句、for 语句、switch 语句、continue 语句、return 语句。通过对上述语句的认识，可以初步地开始写简单代码。

本章主要内容

(1) 认识 Java 流程控制的语句。
(2) 会使用选择结构。
(3) 会使用循环结构。
(4) 重点学习 for 语句。
(5) 会使用跳转语句。
(6) 会使用 return 语句。

3.1　流程控制的定义

通过前面的学习可知，Java 语句是 Java 标识符的集合，由关键字、常量、变量和表达式构成。简单的 Java 语句以分号(;)作为结束标志，单独的一个分号被看成一个空语句，空语句不做任何事情。复合结构的 Java 语句以大括号"}"作为结束标志，而流程控制语句是用来控制程序中各语句执行顺序的语句，是程序中非常关键和基本的部分。流程控制语句可以把单个的语句组合成有意义的、能完成一切功能的小逻辑模块，能否熟练地运用流程控制语很大程度上会影响所编写代码的质量。

3.1.1　基本流程控制结构

Java 语言中具有结构清晰、层次分明的控制结构，正是因为这样，才有效地改善了局部代码段的可读性和可维护性，不仅保证了代码的质量，而且提高了开发效率。人们习惯将 Java 基本控制结构分为三部分，分别是顺序结构、选择结构、循环结构。流程控制的基本结构如图 3-1 所示。

根据图 3-1 可以看出，顺序结构是整个控制语句的基础部分，它只需要顺序执行命令，属于最简单的一种；选择结构需要根据表达式进行条件的判断，具有一定复杂性，尤其当出现多种选择结果的时候，在后续章节我们会详细地讲述 if-else 选择结构和 switch 选择结构；循环结构是满足一定的条件时反复地执行某段代码，这种结构是最重要、最常用的一种，因为循环的出现可以大大地压缩代码量，提高程序的可读性和可靠性。

知道了 Java 语句的三种基本结构，下面我们需要继续细分每一种结构中所包含的语句，只有清楚每一种结构中的每一种语句如何使用，才能写出合格的程序段。

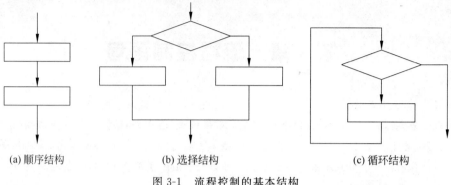

(a) 顺序结构　　　　　　(b) 选择结构　　　　　　(c) 循环结构

图 3-1　流程控制的基本结构

3.1.2　Java 语句的种类

Java 具有多种常用的流程控制语句，分属于不同的基本控制结构中，下面通过表格的形式呈现每一种语句，流程控制语句如表 3-1 所示。

表 3-1　流程控制语句

基本控制结构	语　　　句
顺序结构	break 语句：break statement; continue 语句：continue statement; return 语句：return result;

选择结构	if-else 语句：
	if(condition)
	　　statement;
	else
	　　another statement;
	switch 语句：
	switch(expression){
	case 1：statement;
	case 2：another statement;
	　⋮
	default：statements;
	}

循环结构	while 语句：while(condition){循环;};
	do-while 语句：
	do{循环;}
	while(condition);
	for 语句：
	for(statement;statement; statement){
	循环;
	}

表 3-2 中列出了所有常用的 Java 语句及其基本语法，顺序结构的语法较为简单，循环

结构最为复杂,尤其是 while 循环和 do-while 循环的区别以及使用环境。for 循环是最常用的一种循环语句,能够大大提高开发效率,我们下面会重点讲解。了解了所有的语句以后,从 3.2 节开始将详细地阐述每一种语句。

3.2 选择语句

Java 选择语句有两个,if-else 语句是一个用来实现双分支的语句,switch 语句是一个用来实现多分支的语句。

3.2.1 if-else 条件语句

1. if 语句

if 语句的基本形式为

```
if(condition)
    statement;
```

条件语句也称为假设语句,在 Java 中利用 if 这个关键字来实现这种假设的关系,在一般的程序中,人们习惯将 if 和 else 放在一起使用,以实现更多的选择,因此,这里不再举实例阐述,只需要明白 if 语句的基本形式即可,下一节通过实例来对比分析。

2. if-else 语句

if-else 语句的基本形式为

```
if(condition)
    statement;                        //if 分支
else
    another statement;                //else 分支
```

条件表达式是用来选择判断程序流程的走向,在程序执行的过程中,如果条件表达式取值为真,则执行 if 分支的部分,否则执行 else 分支的部分。在程序设计时当然也可以不写 else 分支,如同 3.1 节中的形式一样,这种情况下如果条件表达式的取值为假,则不执行 if 分支下的部分,直接执行后面的内容。

需要注意的几点如下。

(1) if 或 else 控制的对象可以是单个语句(statement),也可以是程序块(block)。

(2) 条件 condition 可以是任何返回布尔值的表达式。

if 语句和 if-else 语句的基本形式都知道了,下面通过两个实例以及该实例的流程图来讲解 if 语句和 if-else 语句。

【**例 3-1**】 Condition1.java。

```java
public class Condition1{
    public static void main(String[] args){

        double mySales=10000;
```

```
        //进入 if 条件选择
        if(mySales>8000){
            //执行 if 语句

            System.out.println("去商场购物");
            System.out.println("请朋友吃饭");
            System.out.println("出国旅游");
        }
    }
}
```

运行结果:

去商场购物
请朋友吃饭
出国旅游

程序说明:

该程序只有一个简单的 if 条件语句。在开始声明并赋值了 mySales 变量的值 1000,if 条件语句的结果 mySales>8000 为真,因此进入该条件部分执行下面的语句,可以看到条件中有三条输出命令,因此全部执行输出。

【例 3-2】 Condition2.java。

```
public class Condition2{
    public static void main(String[] args){

        double mySales=6000;

        if(mySales>8000){
            //执行 if 语句
            System.out.println("去商场购物");
            System.out.println("请朋友吃饭");
            System.out.println("出国旅游");
        }
        //执行 else 语句
        else
          {
            System.out.println("努力工作");
          }
    }
}
```

运行结果:

努力工作

程序说明:

该程序是例 3-1 的改编。比起例 3-1 该实例多了一个 else 循环,程序执行的结果因此产生了变化。开始对 mySales 变量的赋值不再是 10000 而是 6000,因此在 mySales＞8000 条件判断的时候结果为假,不执行 if 语句,直接执行 else 里面的部分,因此输出结果:努力工作。

下面要结合例 3-1 和例 3-2 画出流程图进行对比,如图 3-2 所示。if-else 流程图如图 3-2(b)所示。

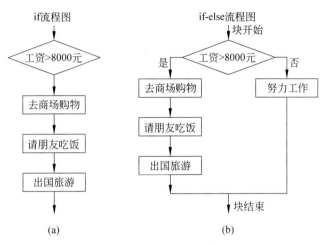

图 3-2 if-else 流程图

通过图 3-2 的对比能够看出例 3-1 和例 3-2 的执行情况,第一个条件语句直接顺序执行了所有语句,第二个循环跳过了不满足条件的 if 部分去执行 else 的内容,然后结束。接下来看一种更为复杂的情况。

3. if-else-if 语句

if-else-if 语句是条件语句中最复杂也是最常见的情况,这种情况下有多个条件的判断,其基本形式如下:

```
if(condition)
    statement1;
else if (condition)
    statement2;
else if(condition)
    statement3;
       ⋮
else
    statementn;
```

前面已经理解了 if 语句和 if-else 语句,在这里出现了新的语句 else if(condition),当条件不满足 if 语句和 else 语句的情况下,可以使用一个或多个 else if 语句来多列出一个分支,当条件满足任何一个分支的时候即可进入执行。接下来对例 3-2 进行改编来解释 if-else-if 语句。

【**例 3-3**】 Condition3.java。

```
public class Condition3{
```

```java
    public static void main(String[] args){
        double mySales=6000;

        if(mySales>8000){
            //执行 if 语句
            System.out.println("去商场购物");
            System.out.println("请朋友吃饭");
            System.out.println("出国旅游");
        }
        //执行 else 语句
        else if(mySales>5000 && mySales <=8000)
        {
            System.out.println("外出逛街");
            System.out.println("请朋友喝咖啡");
        }
        else if(mySales>3000 && mySales <=5000)
        {
            System.out.println("努力工作");
            System.out.println("在家休息");
        }
        else
        {
            System.out.println("辞职!");
        }
    }
}
```

运行结果：

外出逛街
请朋友喝咖啡

程序说明：

该实例又加入了两个条件分支(mySales＞5000 && mySales＜=8000)和(mySales＞3000 && mySales＜=5000)，只有当条件满足该种情况下的时候(即条件为真)，才进入该部分执行代码。因为 mySales 最初的赋值为 6000，自顶向下顺序执行代码，判断每个条件语句中的结果，只有第二个为真，因此进入该部分执行程序段，输出结果。

if-else 条件语句虽然是较简单的内容，但用途广泛，几乎每一个程序中都会出现该类语句，希望读者必须掌握并且熟练运用之。

3.2.2 switch 语句

switch 语句也是选择语句的一部分，它的特点是多分支。本质上来说，这种多分支语句结构实际上也是一种 if-else 结构，不过它使得在编码时很容易写出判断条件，特别是条件有很多选项而且比较简单的时候。switch 语法结构如下：

```
switch(expression){
case 1:
statement1;
break;

case 2:
statement2;
break;

case 3:
statement3;
break;

   ⋮

case n:
statementn;
break;

default:
statements;
}
```

Java 语言在执行 switch 语句时,首先计算表达式的值(其类型是整型或字符型,并与各个 case 之后的常量值类型相同)。然后,将该值同每种情况的 case 列出的值作比较,当符合某种情况的时候,那么程序流程进入这个 case 后面的语句。若表达式的值与任何一个 case 后的值都不相同,则最后执行 default 后的语句;如果出现没有 default 子句的情况,则什么都不执行,程序运行结束。

下面来看关于 switch 语句的实例。

【例 3-4】 Condition4.java。

```java
import java.util.Scanner;
    public class Condition4{
        public static void main(String[] args){
            System.out.println("请输入第一个数");
            Scanner input=new Scanner(System.in);
            int a=input.nextInt();
            System.out.println("请输入第二个数");
            int b=input.nextInt();
            System.out.println("请输入运算符号");

            char c=input.next().charAt(0);
            int sum=0;

            //开始 switch 多分支结构
```

```java
switch(c){
case '+':
    sum=a+b;
break;

case '-':
    sum=a-b;
break;

case '*':
    sum=a*b;
break;

case '/':
    sum=a/b;
break;

default:
    System.out.println("请输入正确的运算符");
}
//结果输出
System.out.println("运算结果为: "+sum);

    }
}
```

运行结果(三次输入分别为:6 8   *):

请输入第一个数

6

请输入第二个数

8

请输入运算符号

*

运算结果为:48

程序说明:

该程序首先让输入两个数和一个运算符号,我们举例三次输入分别为6 8 *,程序将6和8两个数据存储到变量a和b中,然后将符号*存储到c中。完成这个操作后,程序开始执行switch多分支语句,需要满足的条件是c,发现只有第三个case满足的条件*,因此执行该case后面的语句,并且结束这个部分,然后将存储到sum中的结果打印输出。

在这个实例中进行了简单的数学运算,在这种具有加、减、乘、除多种运算都有可能出现的情况下,使用switch语句明显要比if-else语句更节省资源,而且代码更简洁,更具有逻辑性。与此类似的情况还有关于月份的计算,关于日期的计算等,这需要在今后的练习中多体验。

除了这种简单的 switch 语句之外,还存在一种较为复杂的嵌套 switch 语句,基本形式如下:

```
switch(expression1) {
case1:
swich(expression2){
case 1:
statement1;
break;

case 2:
statement2;
break;

case 3:
statement3;
break;
}
break;

case 2:
statement2;
break;

default:
statements;
}
```

在这个 switch 语句中,其内部的 case 1 语句内部又包含了三个 case 语句,需要说明的是内部的 case 1 和外部的 case 1 并不冲突。只有当进入外部的 case 1 时,其内部的几个 case 才有可能执行。这种形式的嵌套语句要比嵌套 if 语句更有效。

3.3 循环语句

循环结构是在一定条件下,反复地执行某段程序的流程结构,被反复执行的程序部分被称为循环体。循环结构是程序设计语言流程控制里面最重要也是最复杂的一种结构,循环结构使用得好坏,会直接影响程序的执行效率,所以尤为关键。

在开始详细的学习每种循环语句之前,首先通过流程图来对比 while 语句、do-while 语句和 for 语句。循环语句流程如图 3-3 所示。

3.3.1 while 语句

while 循环语句是 Java 控制语句中最简单的一种循环语句。

while 语句的一般形式如下:

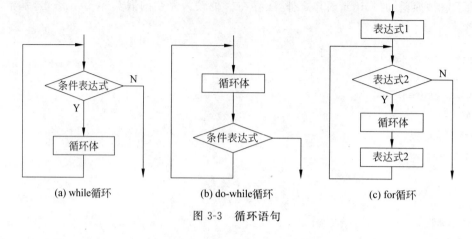

图 3-3 循环语句

```
while(condition){
statement;
}
```

和 if 条件语句一样,while 循环语句的表达式返回值也是布尔类型,为真或为假,当返回值为真的时候执行一次循环体,当执行完循环体以后,再进行一次条件判断,直到条件判断的返回值为假的时候结束 while 循环,继续执行 while 循环后面的语句。

下面的 while 循环从 10 开始进行减计数,打印出 10 行 loop:

```
class LOOP{
    public static void main(String args[]){

        int n=10;

        //开始 while 循环
        while(n>0){
            System.out.println("loop "+n);
            n--;
        }
    }
}
```

该片段中,由于 while 循环在开始就计算了条件表达式,若开始时条件就为假,则循环不执行,因此可以看出,该循环一共执行了 10 次,当 n 的值为 1 的时候,不再满足表达式的条件,因此结束此循环。

运行结果:

```
loop 10
loop 9
loop 8
loop 7
loop 6
```

```
loop 5
loop 4
loop 3
loop 2
loop 1
```

【例 3-5】 Sum.java。

```
class Sum{
    public static void main(String args[]){
        int i,sum=0;

        //设循环初值
        i=1;

        //设循环条件为 i<=100
        while(i<=100){

        //在循环体中执行 i++,当 i 的值到 101 时,循环条件即为 false
        sum+=i;
        i++
        }
        System.out.println("1 到 100 的和为: "+sum);
    }
}
```

运行结果:

1 到 100 的和为: 5050

程序说明:

该段程序只用了一个 while 循环,是将一组有规律的数据连续求和,输出结果,属于典型题目。关键在于 while 循环的条件表达式判断处,i 从 1 开始,到 100 结束,最终 i 的值为 101,但已经不满足循环条件,所以不再进入循环,绕过循环继续执行程序,最后输出结果。

3.3.2 do-while 语句

do-while 语句和 while 语句略有不同, do-while 语句是先进入循环体,执行一次结束后才进行条件表达式的判断,因此比起 while 循环来说,多执行了一次循环。比如说,while 循环如果开始条件为假,则循环一次都不执行,而 do-while 循环中可以直接进入循环执行一次,然后才判断条件,如果为假,则推出,循环执行了一次。

do-while 语句的一般形式如下:

```
do {
    statement;
}
while(condition);
```

需要牢记的一点是,do-while 循环总是先执行循环体,然后再计算条件表达式。如果为真,则继续计算,否则循环结束。

【例 3-6】 Sum2.java。

```java
import java.util.Scanner;
class Sum2 {
    public static void main(String args[]){
      Scanner sc=new Scanner(System.in);
      int n,sum=0;
      System.out.println("请输入数据,输入 0 结束。");

          //do-while 循环体开始,直接进入循环体
          do {
            n=sc.nextInt();
            sum+=n;
            System.out.println("当前的和是 : "+sum);
          }
          while(n !=0);

          System.out.println("结束!");
    }
}
```

运行结果:

请输入数据,输入 0 结束。
2
当前的和是:2
4
当前的和是:6
8
当前的和是:14
16
当前的和是:30
32
当前的和是:62
0
当前的和是:62
结束!

程序说明:

该段程序实现的功能是通过键盘输入的数字求和并存储,当输入的值为 0 时循环结束,最后输出求和的结果。程序开始定义了整型变量 n 和 sum,并且将 sum 赋值为 0,然后直接进入 do-while 循环体,执行求和命令,执行一次循环后判断该循环的条件表达式,当输入值不为 0 的时候则继续循环,继续用键盘输入数值,当输入值为 0 时,会再执行一次求和操作,sum+0,然后不满足条件退出循环,继续执行程序,然后打印输出"结束!",程序结束。

do-while 循环在编制菜单选择时非常有效,下面我们再看一个 do-while 循环的实例,该实例结合了前面学过的 switch 语句,实现了选择和重复语句的简单帮助程序。

【例 3-7】 Menu.java。

```java
class Menu{
    public static void main(String args[])
        throws java.io.IOException{
        char choice;

        //开始 do-while 循环结构
        do{
          System.out.println("Help on:");
          System.out.println(" 1. if");
          System.out.println(" 2. switch");
          System.out.println(" 3. while");
          System.out.println(" 4. do-while");
          System.out.println(" 5. for\n");
          System.out.println("Choose one:");

          choice= (char) System.in.read();
        }
        while(choice<'1'||choice>'5');

        //开始 switch 选择语句
        switch(choice){
        case '1' :
          System.out.println("The if\n");
          System.out.println("if(condition)statement;");
          System.out.println("else statement;");
          break;

        case '2' :
          System.out.println("The switch:\n");
          System.out.println("switch(expression){");
          System.out.println(" case constant: ");
          System.out.println(" statement sequence");
          System.out.println(" break;");
          System.out.println(" //…");
          System.out.println(")");
          break;

        case '3' :
          System.out.println("The while:\n");
          System.out.println("while(condition) statement;");
          break;
```

```
        case '4':
          System.out.println("The do-while:\n");
          System.out.println("do{");
          System.out.println(" statement;");
          System.out.println("} while (condition);");
          break;

        case '5':
          System.out.println("The for:\n");
          System.out.println("for(init; condition; iteration)");
          System.out.println(" statement;");
          break;

        //注意：这里没有default语句

      }
    }
}
```

运行结果：

```
Help on:
  1. if
  2. switch
  3. while
  4. do-while
  5. for

Choose one:
2
The switch:

switch(expression){
  case constant:
  statement sequence
  break;
  //…
}
```

程序说明：

该程序实际上用 do-while 循环语句和 switch 选择语句实现了一个小型帮助系统。用户通过键盘输入数字，通过 System.in.read() 来读入数据，然后进入 switch 选择结构，打印输出。

3.3.3　for 语句

for 循环语句可以说是整个 Java 程序设计中最常见、用途最多的语句，for 语句指的是明确了循环次数而进行的循环语句,for 循环语句在第一次反复之前要进行初始化。随后,它会进行条件测试,而且在每一次反复的时候,进行某种形式的"步进",for 语句的一般形式如下:

```
for(statement; statement; statement) {
循环体;
}
```

例如:

```
for(i=0; i<100; i++){
//循环体
}
```

for 语句首先执行的是初值表达式,然后再计算测试表达式,如果表达式为真,则执行循环里面的内容;如果表达式为假,则不进入 for 循环中。最后执行的是步长(上例中的 i++)操作。

for 语句里面的三个部分都不是必需的,都可以省略:

```
for(; ;){

}
```

☞注意:当三个部分都省略的时候即发生了无限循环,所以我们一般不提倡这么做。for 语句可以是空语句,即循环体为空,产生的仅仅是时间延时效果:

```
for(i=0; i<100; i++);
```

☞注意:在这种情况下,循环体结束时需要加分号。

介绍了 for 语句的基本语法,现在通过实例讲解作为重点内容的 for 循环。

【例 3-8】 打印九九乘数表(Multiply.java)。

```java
public class Multiply {
    public static void main(String[] args)  {

        //第一层 for 循环
        for (int i=1; i<=9;i++) {

            //第二层 for 循环
            for (int j=1; j<=i;j++) {

                //循环体
                System.out.print(" "+i+" * "+j+"="+i*j);
            System.out.println();
        }
    }
}
```

运行结果：

1 * 1=1
2 * 1=2   2 * 2=4
3 * 1=3   3 * 2=6   3 * 3=9
4 * 1=4   4 * 2=8   4 * 3=12   4 * 4=16
5 * 1=5   5 * 2=10   5 * 3=15   5 * 4=20   5 * 5=25
6 * 1=6   6 * 2=12   6 * 3=18   6 * 4=24   6 * 5=30   6 * 6=36
7 * 1=7   7 * 2=14   7 * 3=21   7 * 4=28   7 * 5=35   7 * 6=42   7 * 7=49
8 * 1=8   8 * 2=16   8 * 3=24   8 * 4=32   8 * 5=40   8 * 6=48   8 * 7=56   8 * 8=64
9 * 1=9   9 * 2=18   9 * 3=27   9 * 4=36   9 * 5=45   9 * 6=54   9 * 7=63   9 * 8=72   9 * 9=81

程序说明：

该实例核心代码只有三行，即可写出九九乘数表，这充分说明 for 语句的强大，比起 while 和 do-while 循环，for 循环的易用性更强，使代码更简洁。该实例中使用了常见的双层 for 循环，先使被乘数为 1，然后进入第二层 for 循环，令乘数为 1，相乘输出结果，然后以步长为 1 增加乘数，继续执行循环操作。当两层循环中的两个变量相等时，退出内层循环，继续外层循环(步长为 1 的增加被乘数)，然后进入内层循环继续执行输出乘数表的循环体，直到满足 i≤9 的时候结束循环，九九乘数表即打印出来了。

注意：该实例数据最简单也是最典型的 for 循环用法，关键在于要把循环嵌套正确，步长设置符合要求。在循环设计之前要在草纸上写好简单的算法步骤，逻辑要清晰，否则在写程序的时候会出现混乱，难以排错。

到此为止 Java 语言的三种循环语句 while，do-while 和 for 语句都已经认识了，现在通过一个简单的求和程序来用三种不同的循环实现。

【例 3-9】 Sum1.java、Sum2.java 和 Sum3.java。

```java
public class Sum1{
    public static void main (String args[]){
        int i=1;
        int sum=0;
        
        while (i<=10){
            sum=sum+i;
            i++;
        }
        System.out.println("1~10 的整数和为："+sum);
    }
}
```

运行结果：

1~10 的整数和为：55

```java
public class Sum2{
    public static void main (String args[]){
```

```
            int i=0;
            int sum=0;

            do{
                sum=sum+i;
                i++;
            }while (i<=10);
            System.out.println("1~10 的整数和为："+sum);
        }
    }
```

运行结果：

1~10 的整数和为：55

```
public class Sum3{
    public static void main (String args[]){
        int i;
        int sum;

        for (i=1,sum=0;i<=10;){
            sum=sum+i;
            i++;
        }
        System.out.println("1~10 的整数和为"+sum);
    }
}
```

运行结果：

1~10 的整数和为：55

程序说明：

通过以上实例，用三种循环实现了 1~10 的求和功能，读者要熟悉每一种循环的使用方式，虽然每个程序员都有自己喜欢使用的循环语句，但是在不同的情境下使用合适的语句可以事半功倍。

3.4 跳转语句

控制程序跳转功能的也有三个语句：break 语句、continue 语句和 return 语句。跳转语句的主要作用是在循环结构中跳出循环，不同的语句功能有所不同，具体使用环境需要程序员对程序功能的要求而定。

3.4.1 break 语句

break 语句的作用是使程序的执行流程从一个语句块内部转移出去。break 语句只在

switch 语句和循环语句中使用，目的是从 switch 语句的 case 子句中跳出，或者从循环体中跳出。break 语句的一般形式为

```
break;
```

【例 3-10】 Break.java。

```java
public class Break {
    public static void main(String args[]) {
        String output="";
        int i;
        for (i=1; i<=10; i++) {
            if (i==8)

                //当计数为 8 的时候结束
                break;
            output+=i+" ";
        }
        output+="\nBroke out of loop at i="+i;
        System.out.println(output);
    }
}
```

运行结果：

```
1 2 3 4 5 6 7
Broke out of loop at i=8
```

程序说明：

该实例是 break 语句在 for 循环中的用法，当执行 break 语句的时候即跳出了 for 循环。

除了在 switch 语句和循环语句中使用之外，break 语句还有一种用法是跳出指定的块，并从进阶该块的第一条语句处执行，一般格式为

```
break BLOCK;
```

【例 3-11】 Block.java。

```java
public class Block{
    public static void main (String args[]){

        //开始 Outer 块的程序段
        Outer:
            for(int i=1; i<6; i++)
                for(int j=1;j<6;j++){
                    if(i*j>20)

                        //break 的用法
```

```
                    break Outer;
                    System.out.println(i+" * "+j+"="+i*j+"\t");
                }
            }
        }
```

运行结果：

```
1 * 1=1
1 * 2=2
1 * 3=3
1 * 4=4
1 * 5=5
2 * 1=2
2 * 2=4
2 * 3=6
2 * 4=8
2 * 5=10
3 * 1=3
3 * 2=6
3 * 3=9
3 * 4=12
3 * 5=15
4 * 1=4
4 * 2=8
4 * 3=12
4 * 4=16
4 * 5=20
5 * 1=5
5 * 2=10
5 * 3=15
5 * 4=20
```

程序说明：

因为第一种用法主要在 switch 语句中推出 case 来用的，用法简单，没有什么特别，而该程序主要的目的是练习 break 语句的第二种用法，结束块的用法。当执行"break Outer；"语句的时候，程序会自动跳到 Outer 的开头处重新执行循环。

3.4.2 continue 语句

continue 语句和 break 语句都是中断语句，但是略有不同之处，continue 语句只能在循环语句中使用，并且它的目的是终止当前这一轮循环，跳过本次循环剩余的语句，直接进入下一轮循环。continue 语句的一般形式为：

```
continue;
```

当然也可以同 break 语句的第二种用法一样，跳转到指定的循环处：

```
continue BLOCK;
```

☞ **注意**：此处的应用同例 3-11 一样。

【**例 3-12**】 Continue.java。

```
public class Continue {
    public static void main(String args[]) {
        Outer:

            for (int i=0;i<8;i++){
               if(i==3){

                   //continue 语句实现终止本次循环
                   continue Outer;
               }
               System.out.println("i=="+i);
            }
    }
}
```

运行结果：

```
i==0
i==1
i==2
i==4
i==5
i==6
i==7
```

程序说明：

该实例与例 3-11 的 break 用法一样，读者只需要知道 break 语句和 continue 语句均可如此使用即可，具体应该使用哪一种需要看具体环境而定。

3.4.3 return 语句

跳转语句中的最后一个语句，也是 Java 语言流程控制中的最后一个是 return 语句，return 语句常用，而且简单。return 语句是从当前的方法中退出。return 语句和 continue 语句也有两种用法：

```
return;
```

```
return expression;
```

需要注意如下几点：

(1) 当用 void 定义了一个返回值为空的方法时，方法体中不一定要有 return 语句，程序执行完，它自然返回。

（2）若要从程序中间某处返回，则可使用 return 语句。
（3）若一个方法的返回类型不是 void 类型，那么就用带表达式的 return 语句。
（4）表达式的类型应该同这个方法的返回类型一致或小于返回类型。
下面通过实例来看一下 return 语句的用法。

【例 3-13】 Return.java。

```java
public class Return {
public static void main(String args[]) {

    //调用 sum 方法
    int result=sum(8,12);
    System.out.println("sum(8,12)="+result);
}

static int sum(int a ,int b){

    //返回值
    return (a+b);
}

}
```

运行结果：

sum(8,12)=20

程序说明：

该实例实现了求和操作，在定义 sum 方法的时候，使用了 return 语句"return（a+b）;"来返回结果。

3.5 综合实例

学习了所有的 Java 流程控制语句之后，来做一个综合实例，这个实例主要综合了 do-while 结构、for 循环结构和 switch 结构。

【例 3-14】 Calculate.java 经典习题：输入某年某月某日，判断这一天是这一年的第几天。

```java
import java.util.*;
public class Calculate {
    public static void main(String[] args) {

        //声明变量并赋值
        int year, month, day;
        int days=0;
        int d=0;
```

```java
int e;
input fymd=new input();

//do-while循环
do {
e=0;

System.out.print("输入年: ");
year=fymd.input();

System.out.print("输入月: ");
month=fymd.input();

System.out.print("输入天: ");
day=fymd.input();

//条件语句
if (year<0||
month<0||
month>12||
   day<0||day>31) {
System.out.println("输入错误,请重新输入!");
e=1;
}
} while(e==1);

//for循环
for (int i=1; i<month; i++) {

    //嵌套的switch
    switch (i) {
    case 1:
    case 3:
    case 5:
    case 7:
    case 8:
    case 10:
    case 12:

        days=31;
        break;

        case 4:
        case 6:
        case 9:
        case 11:
```

```
            days=30;
            break;

        case 2:

            if ((year%400==0)||(year%4==0 && year%100 !=0)) {
                days=29;
                }
            else {
                days=28;
                }
            break;
        }
        d+=days;
        }

        System.out.println(year+"-"+month+"-"+day+"是这一年的第"+(d+day)+"天。");
    }
}

class input{
    public int input() {
        int value=0;
        Scanner s=new Scanner(System.in);
        value=s.nextInt();
        return value;
        }
    }
```

运行结果：

输入年：1988
输入月：11
输入天：7
1988-11-7是这一年的第312天。

程序说明：

该实例实现了通过键盘输入年、月、日来计算这一天是该年的第几天。do-while循环起到的主要作用是让用户顺序输入年、月、日，当输入完成后退出该循环，并且进入for循环。for循环的作用是计算天数，由switch结构来判断每个月都有多少天，然后根据用户输入的数据累计求和。最终输出结果。

3.6 小　　结

本章控制结构作为Java语言的重要章节，我们给出了很多通俗易懂的实例和流程框图来阐述不同结构之间的异同。需要明确的几个重点如下。

(1) Java 程序设计遵循结构化程序设计中的三种基本控制流程。

① 顺序结构。

② 选择结构。

③ 循环结构。

(2) if-else 语句的三种不同形式和用法。

① if 结构。

② if-else 结构。

③ if-else if 嵌套结构。

(3) 循环语句的三种情况。

① while 循环。

② do-while 循环。

③ for 循环以及双层 for 循环。

(4) 顺序结构的几种中断语句。

① continue 语句。

② break 语句。

③ return 语句。

3.7 课后习题

1. 以下叙述中不正确的是(　　)。

　　A. 在方法中，通过 return 语句返回方法值

　　B. 在一个方法中，可以执行有多条 return 语句，并返回多个值

　　C. 在 Java 中，主方法 main() 后的一对圆括号中也可以带有参数

　　D. 在 Java 中，调用方法可以在 System.out.println() 语句中完成

2. 以下程序执行后的输出为＿＿＿＿。

```
public class test
{
    static int m1(int a ,int b)
    {
        int c;
        a+=a;
        b+=b;
        c=m2(a,b);
        return(c * c);
    }
    static int m2(int a,int b)
    {
        int c;
        c=a * b%3;
        return(c);
    }
```

```java
    public static void main(String[] args)
    {
        int x=1,y=3,z;
        z=m1(x,y);
        System.out.println("z="+z);
    }
}
```

3. 根据给出的方法一，求 100 之内的素数。

方法一：

```java
public class test1 {
    public static void main(String[] args) {
        boolean b=false;
        System.out.print(2+" ");
        System.out.print(3+" ");
        for(int i=3; i<100; i+=2) {
            for(int j=2; j<=Math.sqrt(i); j++) {
                if(i%j==0) {
                    b=false;
                    break;
                }
                else{
                    b=true;
                }
            }
            if(b==true) {
                System.out.print(i+" ");
            }
        }
    }
}
```

运行结果：

2 3 5 7 11 13 17 19 23 29 31 37 41 43 47 53 59 61 67 71 73 79 83 89 97

4. 编写两个方法，分别求两个整数的最大公约数和最小公倍数，在主方法中由键盘输入两个整数并调用这两个方法，最后输出相应的结果。

5. 经典习题：请输入星期几的第一个字母来判断一下是星期几，如果第一个字母一样，则继续判断第二个字母。

第 4 章　面向对象基础

学习目的与要求

本章重点介绍 Java 面向对象程序设计的基础内容：类和对象。在 Java 语言中，类和对象是最基本的概念，要重点理解和区分。除此之外，还会介绍 Java 语言方法和构造函数等重要内容。

本章主要内容
（1）理解类的基本概念。
（2）理解对象的基本概念。
（3）知道如何声明类、使用类。
（4）理解类的成员变量和成员方法。
（5）会使用构造函数。
（6）知道如何创建对象和使用对象。

4.1　概　　述

4.1.1　面向对象的基本概念

面向对象程序设计的基本思想就是把人们对现实世界的认识过程应用到程序设计中，使现实世界中的事务与程序中的类和对象直接对应。简单地说，面向对象程序设计（Object Oriented Programming, OOP）就是使我们分析、设计和实现一个系统的方法尽可能地接近人们认识一个系统的方法。

面向对象技术主要围绕以下几个概念：对象、抽象数据类型、类、类型层次（子类）、继承性、多态性。本章重点介绍的是类和对象，至于继承性和多态性会在第 5 章中重点讲解。

像 Java 语言这样的面向对象的程序设计（OOP）已成为现代软件开发的必然选择。通过掌握面向对象的技术，能开发出复杂、高级的系统，这些系统完整健全，而且可扩充性良好。面向对象是建立在把对象作为基本实体看待的面向对象的模型上的，这种模型可以使对象之间相互作用。

4.1.2　面向对象程序的特点

面向对象技术正是利用对现实世界中对象的抽象、对象之间相互关联和相互作用的描述来对现实世界进行模拟，并且使其映射到目标系统中。所以面向对象的特点主要包括抽象性、封装性、继承性和多态性。

1. 抽象性

抽象性是指对现实世界中某一类实体或事件进行抽象，从中提取共同信息，找出共同规律，反过来又把它们集中在一个集合中，定义为所设计目标系统中的对象。

2. 封装性

封装是指把类的基本成分(包括数据和方法)封装在类实体中,使类与外界分隔开来。封装性减少了程序各部分之间的依赖性,降低了程序的复杂性,由于隐藏了其内部信息的细节,使内部信息不易受到破坏,安全性有了保证,同时也为外界访问提供了简单方便的界面。因为具有封装性,所以,以前所开发的系统中已使用的对象能够在新系统中重新采用,减少了新系统中分析、设计和编程的工作量。

3. 继承性

面向对象程序设计也具有继承的特性。新的对象类由继承原有对象类的某些特性或全部特性而产生,原有对象类称为基类(或超类、父类),新的对象类称为子类,子类可以直接继承基类的共性,又允许子类发展自己的个性。继承性的最大特点是简化了对新的对象类的设计,这样一来,就会大大节省程序开发时间,提高程序开发的效率。

4. 多态性

通俗地说,多态性是指一个类中不同的方法具有相同的名字。Java语言通过方法重载和方法覆盖来实现多态性。多态性丰富了对象的内容,扩大了对象的适应性,改变了对象单一继承的关系。

4.1.3 对象的基本概念

对象是指一个特定的个体。其实,在人们的日常生活中,任何事物都可以看做一个对象。比如说,教室里的黑板、投影仪、课桌、计算机、老师等都可以看做对象。

对象是用来描述客观事物的一个实体,由一组属性和方法构成。属性是指对象具有的各种特征,对象的每个属性都具有特定的值,而方法是对象所执行的操作。下面举一个生活中的例子,对象的属性和方法如图 4-1 所示。

(a) 对象的属性   (b) 对象的方法

图 4-1 对象的属性和方法

从这个生活中的例子,便可以通俗地理解对象的属性和方法两个概念。图 4-1 中的学生张三和老师李四都是对象,张三的属性具有特定的值:姓名、年龄、性别。李四作为老师的方法(也就是执行的操作)是备课、讲课、批改作业等。

4.1.4 类的基本概念

简单地说,类是对象的抽象,是对一类相似对象的共同特征的抽象。类和对象一样,也具有属性和方法。比如说,可以定义一个顾客类,这个类具有的属性是性别、年龄、国籍等,方法是付款、挑选等。现在有一个名字叫王五的顾客,性别男,中国人,这个实例就是顾客类的对象。

对象和类的关系如图 4-2 所示。

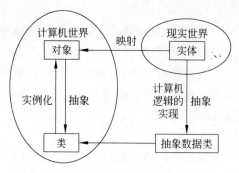

图 4-2 类和对象的关系

从图 4-2 中可以看到现实世界和计算机世界的映射关系,也可以看到对象和类的关系。从现实世界映射到计算机世界中,现实世界的实体在计算机世界中被定义为对象,然后抽象为类。对应到现实世界中,计算机世界中的类也就是其抽象数据类。

4.2 类

明确了计算机世界中类和对象的关系后,我们现在需要具体学习在 Java 语言程序设计中,如何定义和使用类,以及与类相关的一些重要内容。

4.2.1 类定义

类的定义可以分为类声明和类体。格式如下:

```
<类声明>
    {
        <类体>
    }
```

将类声明和类体具体来写完整格式如下:

```
[<访问控制符>] [<修饰符>] class <类名>
[extends <超类名>] [implements <接口列表>]
    {
        成员变量声明;
        构造成员方法;
        方法声明与实现;
    }
```

[ ]里面的部分不一定要求在定义的时候出现,要根据具体情况而定。其中修饰符包括 public、abstract、final 等说明了类的属性;而 class 是定义类的关键字(第 2 章讲解关键字的时候提到过);extends 也是关键字,它表示继承了超类;implements 关键字表示类实现了<接口列表>所列出的各个接口。

类的一般格式看起来有些抽象,下面以一段代码来解释类的每个部分。

```
//类的声明
```

```java
public class Employee
{
    //下面 3 行是成员变量
    String name;
    String department;
    String designation;

    //该方法为成员方法
    public Employee(String Name, String Design, String Dep)
            {
            name=Name;
            department=Dep;
            designation=Design;
            }

//该方法为成员方法
void print()
{
    System.out.println(name+"is a"+designation+"at"+department+"");
}
}
```

上段代码中，按照类的一般格式举了一个生活中常见的例子。例子中首先定义了一个员工类，然后声明了 3 个成员变量，也就是员工类的属性，最后又定义了两个成员方法，也就是员工类的方法，这两个方法的目的是对属性进行操作。

上面是一种最简单的情况，但是在今后的程序设计中，会出现包含多个类的 Java 程序，复杂性也就会很高，下面看例 4-1。

【例 4-1】 TestClass.java。

```java
public class TestClass {
    public static void main(String[] args) {

        System.out.println("调用类 TestClass 中的方法");
        Cat cat=new Cat();
        cat.age=4;
        cat.weight=8;
        System.out.println("CAT");
        cat.meow();
        System.out.println("Age="+cat.age+"\tWerght="+cat.weight);
        System.out.println("\n 在类 TestClass 中调用类 Cat 中的 main 方法");
        cat.main(args);
    }
}

class Cat{
```

```java
        int age;
        int weight;

        public static void main(String[] args){
            System.out.println("调用类 Cat 中的 main 方法");
            Cat cat=new Cat();
            cat.age=1;
            cat.weight=2;
            System.out.println("CAT");
            cat.meow();
            System.out.println("Age="+cat.age+"\tWeight="+cat.weight);
        }

        void meow(){
            System.out.println("Meow…");
        }
    }
```

运行结果：

调用类 TestClass 中的方法
CAT
Meow…
Age=4   Werght=8

在类 TestClass 中调用类 Cat 中的 main 方法
调用类 Cat 中的 main 方法
CAT
Meow…
Age=1   Weight=2

程序说明：

上述实例与曾经见到的不同，它具有两个类。类 TestClass 中的 main 方法调用了类 Cat 中的 main 方法，并且将命令行参数原封不动地传递过去。在 Java 语言程序设计中，为每一个类都定义 main 方法是一个好的习惯。这样，就能够简单地独立测试每个类。

4.2.2 成员变量

Java 语言中，类具有两种成员变量：一种没有 static 修饰，为实例变量；另一种是被 static 关键字修饰的变量，叫类变量（静态变量）。它们语法定义上的主要区别在于：类变量前要加 static 关键字，而实例变量前则不加。

实例变量和类变量在程序运行时具有一定的区别。

（1）实例变量属于某个对象的属性，其中只有实例变量才会被分配空间，因此必须创立了实例对象，才可以使用这个实例变量。

（2）实例变量不属于某个实例对象，而是属于类，所以也称为类变量，只要顺序加载了类的字节码,不用创建任何实例对象,静态变量就会被分配空间,实例变量必须创建对象后才可以通过这个对象来使用,静态变量则可以直接使用类名来引用。

下面通过例 4-2 和例 4-3,以及图 4-3 实例变量和类变量的区别,来区分实例变量和类变量。

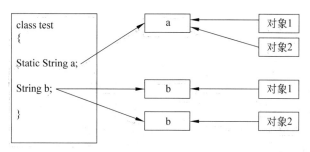

图 4-3 实例变量和类变量的区别

【例 4-2】 实例变量。

```
public class Test1{
    //声明实例变量
    int a;

    public static void main(String arg[]){
        //a 为局部变量
        int a=1;
        System.out.println(a);
        test c=new test1();
        System.out.println(c.a);
    }
}
```

运行结果:

```
1
0
```

【例 4-3】 类变量。

```
public class Test2{
    //声明类变量
    static int a;

    public static void main(String arg[]){

        System.out.println(a);
        //a 为局部变量
        int a=1;
        System.out.println(a);
        test c=new test2();
```

```
        System.out.println(c.a);
    }
}
```

运行结果：

0
1
0

通过图 4-3 能看出实例变量和类变量在内存配置中的不同。类变量在内存中只有一个，Java 虚拟机在加载类的过程中为静态变量分配内存，因此对象 1 和对象 2 存放在一起。而实例变量取决于类的实例，每创建一个实例，Java 虚拟机就会为实例变量分配一次内存，实例变量位于堆区中，其生命周期取决于实例的生命周期，因此在内存中可以有多个实例变量。

4.2.3 成员方法

方法和类一样，也包含两个部分，即方法的声明和方法体。定义方法的格式如下：

```
[修饰符] 返回类型 成员方法名 (参数)
{
    方法体
}
```

修饰符包括 public、protected、private、static、final、abstract、native、synchronized 等。修饰符的作用是说明对成员方法的访问权限；返回类型表明方法执行以后，返回的执行结果的数据类型。方法体简单来说就是对方法的实现。下面代码是一个 Circle 类的例子：

```java
public class Circle{

    //定义实例变量
    private int radius;

    //访问权限为 public
    public Circle(int r){
        radius=r;
    }

    //访问权限为 private
    private double area(){
        return 3.14 * radius * radius;
    }

    //访问权限为 final
    final String print(){
        return "Circle";
```

    }
}
```

在该类中,定义了访问权限不同的 3 个成员方法,在这个例子里只是为了说明修饰符的简单用法,不具备实在的意义,对于这 9 种具体的修饰符使用环境,不在这里详细讲解。

### 4.2.4 构造方法

构造方法也叫构造函数,在 Java 语言里,它是一种特殊的方法,用来初始化类的对象。构造方法的方法名必须与所属类名完全相同,但是不能为构造方法指定返回值类型。如果程序中定义的某个方法名与所属类同名的方法具有返回值类型,那么这个方法就不是构造方法,只是一个普通的方法。

前面讲了一般的成员方法,构造方法有不同于成员方法之处,构造方法有如下特征。

(1) 构造方法必须与类名相同。
(2) 构造方法不能有返回值类型。
(3) 构造方法是一种特殊的成员方法。
(4) 使用 new 来调用构造方法,返回类型为对象实例。
(5) 构造方法不能直接引用,只能在有系统隐含调用。
(6) 可以利用重载创建多个构造方法。

【例 4-4】 构造方法。

```
class DateClass {

    //变量声明
    int year;
    int month;
    int day;

    //构造方法
    DateClass(int y, int m, int d) {

        year=y;
        month=m;
        day=d;
    }

    //一般成员方法
    boolean isleapyear() {
        return (year%400==0)||
            ((year%100 !=0) &&
            (year%4==0));
    }

    //一般成员方法
    void print(){
```
```

```
            System.out.println("date is "+year+"-"+month+"-"+day);
        }
    }

    //DateTEST 类
    public class DateTEST{
        public static void main(String args[]) {

            DateClass d=new DateClass(2012, 12, 21);
            d.print();
            System.out.println(d.year+" is a leap year:"+d.isleapyear());
        }
    }
```

运行结果：

```
date is 2012-12-21
2012 is a leap year:true
```

程序说明：

该实例实现了一个经典的习题，判断某一年是否为闰年。算法较为简单，不作为重点。通过这个例子，主要的目的是学习类的构造方法的应用，在程序开始，定义了 DateClass 类以后，便声明了年、月、日 3 个变量，然后定义了构造方法 DateClass()，在构造方法下面，又定义了 isleapyear 和 print 两个一般成员方法，通过对比，可以看出构造方法和一般成员方法的使用区别。

4.3 对　　象

在计算机世界中，所有的对象都具有如下特征。
(1) 具有唯一标识名。
(2) 具有一个状态。
(3) 有一组操作方法。
(4) 可以有子对象。
(5) 对象的操作包括对自身操作和对其他对象操作。
(6) 对象之间可以消息通信。

4.3.1　创建对象

我们已经知道了对象的基本概念、对象的特点，以及对象和类的关系，现在开始学习创建对象和使用对象。

对象的创建包括 3 个部分：声明、实例化、初始化。创建对象的一般格式为：

类名　对象名称=new 类名();

👉 **注意**：类名是复合类型，包括类和接口。

（1）声明对象：声明对象的过程并不为对象分配内存空间，分配的是引用空间，类似于 C 语言中的指针。

（2）实例化对象：对象声明后，运算符 new 会立即为对象分配内存空间，实例化该对象。New 调用对象的构造函数，返回这个对象的引用。此外，使用 new 可以为一个类实例化多个不同的对象，而且这些对象分别占用不同的内存空间，改变其中一个对象的状态不会影响其他的对象。

（3）初始化对象：执行对应的构造函数，在构造函数中完成对象初始化。

4.3.2 使用对象

引用对象的成员变量和成员方法称为对象的使用。在 Java 语言中，通常是通过运算符"."来实现成员变量的访问和成员方法的调用。下面看例 4-5 来阐述使用对象的相关内容和方法。

【例 4-5】 使用对象 Student.java。

```
public class Student{
    private String stuName;
    private int stuAge;
    private String stuSex;

    public void setVar(String name, int age, String sex) {
        stuName=name;
        stuAge=age;
        stuSex=sex;
    }

    public void updateVar(String sex) {
        String stuSex=sex;
    }

    public String getName() {
        return stuName;
    }

    public int getAge() {
        return stuAge;
    }

    public String getSex() {
        return stuSex;
    }

    public static void main(String args[]) {

        //对象的声明
```

```
        Student a=new Student ();

        //对象的使用：调用成员方法
        a.setVar("Tom", 24, "male");
        a.updateVar("female");
        String outVar=a.getSex();
        System.out.print(outVar);
    }
}
```

运行结果：

male

程序说明：

在该实例中，首先 main 方法实例化了一个 Student 类的对象 a。生成对象后进行对象的初始化。然后通过运算符"."来访问成员变量和调用成员方法，该实例中，通过对象的使用，调用了 setVar、updateVar、getSex 3 个方法。

4.3.3 回收对象

Java 程序运行时，系统通过垃圾收集周期性地释放无用对象所使用的内存空间，来完成对象的回收。当不存在一个对象的引用时，该对象就成为一个无用对象。Java 的垃圾收集器自动扫描对象的动态内存空间，对正在使用的对象加上标记，将没有引用的对象作为垃圾收集起来并将它们释放。Java 还通过垃圾收集器进行内存管理，因此不需要跟踪每个生成的对象，大大简化了工作量。

4.4 访问修饰符

前面讲成员方法的时候提到过访问修饰符，访问修饰符的作用是说明对成员方法的访问权限。在这一节，我们将详细地阐述这 8 种修饰符，以及重点修饰符的作用。访问修饰符如表 4-1 所示。

表 4-1 访问修饰符

修饰符	说　　明	备　　注
public	可以从所有类访问	
protected	可以被同一包中的所有类访问，可以被所有子类访问	子类没有在同一包中也可以访问
private	只能够被当前类的方法访问	
static	静态方法（又称为类方法，其他的称为实例方法）	提供不依赖于类实例的服务，并不需要创建类的实例就可以访问静态方法
final	防止任何子类重载该方法	注意不要使用 const，虽然它和 C、C++ 中的 const 关键字含义一样，可以同 static 一起使用，避免对类的每个实例维护一个副本

续表

修饰符	说 明	备 注
abstract	抽象方法,类中已声明而没有实现的方法	不能将 static 方法、final 方法或者类的构造方法声明为 abstract
native	用该修饰符定义的方法在类中没有实现,而大多数情况下该方法的实现是用 C、C++ 编写的	参见 Sun 的 Java Native 接口(JNI),JNI 提供了运行时加载一个 native 方法的实现,并将其于一个 Java 类相关联的功能
synchronized	多线程的支持	当一个此方法被调用时,没有其他线程能够调用该方法,其他的 synchronized 方法也不能调用该方法,直到该方法返回

下面简要介绍几种修饰符。

1. protected 修饰符

被 protected 修饰的成员变量和方法必须在同一个包中才能被访问,如下例中的 class A 和 class B;如果不在同一包中的话则不能被访问,如下例中的 class A 和 class C。

【例 4-6】 Protected 修饰符的用法。

```
class A{

    //变量 length 和方法 test 均被 protected 修饰
    protected int length;
    protected char test(char a, char b)
    {
        //被 protected 修饰的 test 方法体
    }
}

//假设 B 与 A 在同一个包中
class B{
    void X()
    {
        A a=new A();
        //合法
        A.length=10;
        //合法
        A.test(1,2);
    }
}

//假设 C 与 A 不在同一个包中:
class C{
    void Y()
    {
        A a=new A();
        //不合法
        A.length=10;
```

```
        //不合法
        A.test(1,2);
    }
}
```

☞ **注意**：包的概念将会在后续章节中详解，这里不展开说明。简单地说，如果几个类文件都位于同一个包中，那么这些类称为在同一个包中。例如，在程序中的代码可以是"package java.io.*;"。

2. private 修饰符

被 private 修饰的成员变量和方法只能在本类中访问，例如，例 4-7 所示为 private 修饰符的用法。

【例 4-7】 private 修饰符的用法。

```
class Private{
    private int length;
    PRIVATE(){
        length=10;
    }
    private int geter(){
        return length;
    }

    public static void main(String args[]){
        PRIVATE A=new PRIVATE();
        //合法
        A.length=20;
        //合法
        int a=A.geter();

        System.out.println("length="+a);
    }
}
```

运行结果：

```
length=20
```

3. static 修饰符

前面提到过，用 static 修饰符修饰的变量为静态变量，该变量属于类本身不属于任何对象，方法的声明也可以使用 static 修饰符，表明该方法属于类本身，如例 4-8 所示。

【例 4-8】 static 修饰符的应用。

```
class Test{
    static int s1=6;
    static int s2;
    static void display(){
```

```
            System.out.println("s1="+s1);
            System.out.println("s2="+s2);
        }
    static{
            System.out.println("display : ");
            s2=s1+1;
        }
    public static void main(String args[])
        {
            test.display();
        }
}
```

运行结果：

display :
s1=6
s2=7

程序说明：

当 Test 类被调用时，所有的静态变量都会被初始化，因此 s1＝6，然后运行 static 块，这将打印出一段消息"display :"，并且把 s2 赋为 s1＋1。然后解释器调用 main 成员函数，它调用了 display 方法，输出 s1 和 s2 的值。

4．abstract 修饰符

abstract 修饰符表示所修饰的类没有完全实现，不能实例化。如果在类的方法声明中使用 abstract 修饰符，表明该方法是一个抽象方法，它需要在子类实现。如例 4-9 所示。

【例 4-9】 abstract 修饰符的用法。

```
abstract class A
{
    public int a;
    abstract void test();
}
abstract class B extends A
{
    public int b;
}
class C extends B
{
    void test() {}
}
```

程序说明：

在这里需要重点关注 A、B、C 这 3 个类的被修饰情况。class A 中包含一个抽象方法 test，因此类 A 必须声明为抽象类。它的子类 B，虽然继承了抽象方法 test，但并没有实现这个方法，因此它也必须声明为抽象类。然而，B 的子类 C 因为实现了 test，因此它不必声明为抽象类,所以可以直接写为 class C extends B 。

5. final 修饰符

对 final 类的规定是:final 类不允许出现子类,不能被覆盖,字段值不允许被修改。如果一个类是完全实现的,并且这个类不再需要继承子类,则可以将其声明为 final 类,如例 4-10 所示。

【例 4-10】 final 修饰符的应用。

```
class Final{
    final int length=10;
    public static void main(String args[])
    {
        Final test=new Final ();
        System.out.print(test.length);
    }
}
```

程序说明:

输出结果为 10。因为变量 length 被定义为 final 类型,因此结果 10 不可改变。

4.5 小 结

本章作为 Java 语言面向对象程序设计的基础,重点在于理论层次的理解,要重点复习以下内容。

(1) 什么是面向对象程序设计。
(2) 类和对象的基本概念。
(3) 类的声明和使用。
(4) 对象的创建和使用。
(5) 不同的修饰符的使用环境。

4.6 课 后 习 题

1. 下列方法定义中,正确的是( )。

　　A. int x(int a,b)　　　　　　　　B. double x(int a,int b)
　　　 {return (a－b);}　　　　　　　　　{int w; w＝a－b;}
　　C. double x(a,b)　　　　　　　　D. int x(int a,int b)
　　　 {return b;}　　　　　　　　　　　{return a－b;}

2. 下列方法定义中,正确的是( )。

　　A. void x(int a,int b);　　　　　B. x(int a,int b)
　　　 {return (a－b);}　　　　　　　　　{return a－b;}
　　C. double x　　　　　　　　　　　D. int x(int a,int b)

　　　　{return b;}   {return a+b;}
3. 下列方法定义中,不正确的是(　　)。
　　A. float x(int a,int b)   B. int x(int a,int b)
　　　　{return (a-b);}   {return a-b;}
　　C. int x(int a,int b);   D. int x(int a,int b)
　　　　{return a*b;}   {return 1.2*(a+b);}
4. 下列方法定义中,正确的是(　　)。
　　A. int x()   B. void x()
　　　　{char ch='a'; return (int)ch;}   {…return true;}
　　C. int x()   D. int x(int a, b)
　　　　{…return true;}   {return a+b;}
5. 设 A 为已定义的类名,下列声明 A 类的对象 a 的语句中正确的是(　　)。
　　A. float A a;   B. public A a=A();
　　C. A a=new int();   D. static A a=new A();
6. 设 A 为已定义的类名,下列声明 A 类的对象 a 的语句中正确的是(　　)。
　　A. public A a=new A();   B. public A a=A();
　　C. A a=new class();   D. a A;
7. 设 X、Y 均为已定义的类名,下列声明类 X 的对象 x1 的语句中正确的是(　　)。
　　A. public X x1= new Y();   B. X x1= X();
　　C. X x1=new X();   D. int X x1;
8. 设 X、Y 为已定义的类名,下列声明 X 类的对象 x1 的语句中正确的是(　　)。
　　A. static X x1;   B. public X x1=new X(int 123);
　　C. Y x1;   D. X x1= X();
9. 设 A、B 均为已定义的类名,下列声明类 A 的对象 a1 的语句中正确的是(　　)。
　　A. public A a1= new B();   B. A a1= A();
　　C. A a1=new A();   D. int A a1;
10. 设 A、B 为已定义的类名,下列声明 A 类的对象 a1 的语句中正确的是(　　)。
　　A. static A a1;   B. public A a1=new A(int 123);
　　C. B a1;   D. A a1= A();
11. 有一个类 Person,以下为其构造方法的声明,其中正确的是(　　)。
　　A. public Person (int x){…}   B. static Person (int x){…}
　　C. public a(int x){…}   D. void Person (int x){…}
12. 有一个类 Student,以下为其构造方法的声明,其中正确的是(　　)。
　　A. void Student (int x){…}   B. Student (int x){…}
　　C. s(int x){…}   D. void s(int x){…}
13. 下面是一个类的定义,请将其补充完整。
class _____
{
　　　　String name;
　　　　int age;

```
        Student(_____ s, int i)
    {
                name=s;
        age=i;
    }
}
```

14. 下面是一个类的定义,请将其补充完整:

```
_____ A
{
    String  s;
    _____ int a=666;
    A(String s1)
    {   s=s1;    }
    static int geta()
    {    return  a;    }
}
```

15. 下面程序的功能是通过调用方法 max()求给定的三个数的最大值,请将其补充完整:

```
public class Class1
{
    public static void main(String args[])
    {
        int i1=1234,i2=456,i3=-987;
        int MaxValue;
        MaxValue=_____;
        System.out.println("三个数的最大值:"+MaxValue);
    }
    public _____ int max(int x,int y,int z)
    {
        int temp1,max_value;
        temp1=x>y?x:y;
        max_value=temp1>z?temp1:z;
        return max_value;
    }
}
```

16. 经典习题:打印出菱形图案。

```
   *
  ***
 *****
*******
 *****
  ***
   *
```

第5章 高级特性

学习目的与要求

从本章开始将要接触到Java面向对象程序设计语言的三大特性：封装、继承和多态。在Java程序设计中，封装、继承和多态的应用最为重要，能否有效地利用封装性、继承性和多态性会直接影响代码的质量，因此，要把本章作为Java语言的重点来学习。

本章主要内容

(1) Java的封装特性。
(2) 继承的概念。
(3) 抽象类和抽象方法。
(4) 多态性。
(5) 方法覆盖和方法重载。

5.1 类的封装

在学习封装的概念之前，先看一个问题：为了得到一组最佳模块，应该怎样分解软件？信息隐藏原理认为模块所包含的信息或者数据对于其他模块来说应该是隐藏不可见的，也就是说，设计模块时，包含在模块中的信息对于其他不需要这些信息的模块是不能访问或不可见的。隐藏的特性对于软件的测试和维护都有很大好处，因为对于软件而言，大多数数据都是隐藏的，这样也提高了软件的可维护性，当一个模块出现问题的时候，可以进行修改而不影响其他模块。

5.1.1 封装的基本概念

信息隐藏的过程就是封装。封装性把对象的属性和行为结合成一个独立单位——类，并且要尽可能多尽可能好地隐藏对象的内部细节，需要的只是提供外部接口（接口的概念在后续章节中会详细讲解）。封装性是类能够建立起严格的内部结构，对内部信息起到了保护作用，减少了外部的干扰和影响，有效保证了类自身的独立性。

有经验的开发人员一定知道，使用Java这样的面向对象方法所开发出来的软件或产品都具有较强的可重用性，这种重用性不仅包括了项目内的重用，也包括外部项目重用，之所以这样就是得益于封装特性。重用是面向对象开发方法的最重要思想之一。

Java语言中所提到的封装性包含两个方面的含义。

(1) 对象的全部属性和方法都结合在一起，形成一个不可分割的独立单位。
(2) 尽可能隐藏对象的内部结构。

具体来说，在Java类中属性都尽量使用private权限，这样做的目的是保证属性不会被任意更改。但是对属性的操作都封装到方法中去，方法一般使用public权限。请看例5-1。

【**例5-1**】 Employee.java。

```java
Public class Employee{

    //private 权限
    private String name;
    private double salary;
    private static int count;

    //public 权限
    public String getName(){
            return name;
            }

    //public 权限
    Public void setName(String name){
            this.name=name;
                }
}
```

程序说明：

在 Employee 类中，首先声明了 3 个 private 变量：name、salary、count。之所以使用 private 权限，是因为这几个变量不允许随便修改，而对这 3 个变量的操作就封装到 getName 和 setName 方法中，并且访问权限为 public，这样保证了外部类也可以访问和调用该方法，起到了很好的封装作用。

最后根据封装内容的不同来看一下属性的封装、方法的封装和完全的封装。

（1）属性的封装：Java 中类的属性的访问权限的默认值不是 private，要想隐藏该属性，需加 private（私有）修饰符，来限制只能够在类的内部进行访问。对于类中的私有属性，必须对其给出一对方法（getXxx()、setXxx()）访问私有属性，保证对私有属性操作的安全性。

（2）方法的封装：对于方法的封装，对外部可调用的方法声明为 public，而对外隐藏的数据操作则需要声明为 private，封装会使方法实现的改变对架构的影响最小化。

（3）完全的封装：类的属性全部私有化，并且提供一对方法（getXxx()、setXxx()）来访问属性。

5.1.2 封装的 4 种访问控制级别

封装特性提供了 4 种访问控制级别，分别是 public、protected、private 和 default。前面已经学习了所有修饰符的用法，这里为了解释 Java 封装性，需要再一次进行阐述和对比。

（1）public：公共的，最高的访问级别，类的 public 成员能被所有类的成员访问。

（2）protected：受保护的，类的 protected 成员只能被该类的成员以及其子类成员访问。还可以被同一个包中其他类的成员访问。

（3）private：私有的，不对外公开，类的 private 成员只能被该类的成员访问，访问级别最低。

（4）default：类的成员什么修饰符都没有，又叫包修饰符，只有类本身成员和当前包下类的成员可以访问。

下面给出对比的表格以便更清晰地对比 4 种修饰符的使用环境，如表 5-1 所示。

表 5-1 修饰符对比

修饰符	本类	同包其他类	不同包子类	不同包非子类
public	Yes	Yes	Yes	Yes
protected	Yes	Yes	Yes	No
private	Yes	Yes	No	No
default	Yes	No	No	No

从表 5-1 中看到了不同修饰符在不同情况下的访问权限。5.1.1 节的实例中解释了 public 权限和 private 权限的使用环境，也就是属性和方法的访问权限区别。这里可以更清楚地看到不同修饰符的权限范围。想要有效地利用封装性，必须清楚程序的每一个目标，哪些方法和类需要封装，哪些属性不可随意更改。

5.2 类 的 继 承

在开始继承的学习之前，先看两个生活中的例子，如图 5-1 所示的动物的继承和图 5-2 所示的汽车的继承。

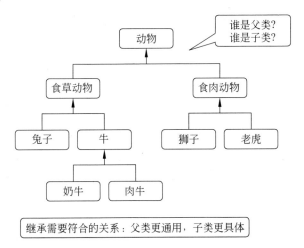

图 5-1 动物的继承

通过图 5-1 看到了动物的分类，每细分一类都会使这一类更加具体，这也是继承性的一大特点。通过图 5-2 看到了汽车的分类，汽车具有引擎数量、外观颜色的属性，刹车、加速等行为。那么，细分到公交车、卡车、轿车，也同样有这个类别的属性和行为，你能说出来吗？

5.2.1 继承的基本概念

继承是对有着共同特性的多类事物，再抽象成一个类。这个类就是多类事物的父类。父类的意义在于抽取多类事物的共性。Java 中的继承要使用 extends 关键字，并且 Java 中只允许单继承，也就是一个类只能有一个父类（因为 Java 支持接口的概念，所以是 Java 语

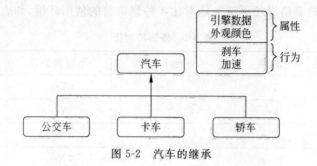

图 5-2 汽车的继承

言获得了多重继承的优点)使继承关系呈树状,体现了 Java 的简单性。

软件开发人员为了提高效率,会充分地利用继承的原理,从丰富的类库中继承父类。目前各种软件都在发展自己的类库,并且充分利用现有的类库。

下面是 Java 语言继承的一般格式:

```
class 子类名 extends 父类名 {
    方法体;
}
```

通过下面的实例更具体地学习 Java 继承的一般格式。

【例 5-2】 Extends.java。

```
//创建父类
class SUPER {
    int i, j;

    void showij() {
        System.out.println("i 和 j: "+i+" "+j);
    }
}

class SUB extends SUPER {
    int k;

    void showk() {
        System.out.println("k: "+k);
    }

    void sum() {
        System.out.println("i+j+k: "+(i+j+k));
    }
}

class Extends {
    public static void main(String args[]) {
        SUPER superTest=new SUPER();
```

```
        SUB subTest=new SUB ();
        System.out.println("superTest 内容: ");
        superTest.showij();
        System.out.println();
        subTest.i=1;
        subTest.j=2;
        subTest.k=3;
        System.out.println("subTest 内容: ");
        subTest.showij();
        subTest.showk();
        System.out.println();
        System.out.println("i, j, k之和 :");
        subTest.sum();
    }
}
```

运行结果：

superTest 内容：
i 和 j：0 0

subTest 内容：
i 和 j：1 2
k：3

i, j, k之和 ：
i+j+k：6

程序说明：

该实例是最简单的继承实例，首先创建了父类 A，然后由子类 B 继承 A，这样，类 B 就可以使用 A 中的属性和方法，并且在类 B 中可以更具体地创建属性和方法来使用。虽然从本例中难以看出继承所节约的成本，但是在大型项目中就能够体会到继承带给人们的好处。

5.2.2 父类和子类

前面的例子虽然重在解释继承，但是已经涉及父类和子类的相关概念，本节将在继承性中侧重学习父类和子类的关系、子类对父类的继承等内容。

从图 5-1 和图 5-2 这些生活中的例子中能够看出，父类代表的是共性，从一个父类继承的所有类都继承了这个父类的功能。在 Java 程序设计中，力图发现并且提取共性来构造父类。子类继承了父类的功能，并根据具体需求来添加功能。当创建一个新类的时候，不用全部写出所有的属性和方法，只需要声明该类继承已定义过的父类的属性和方法，这个新类便叫做子类，每个子类也可以成为将来某个子类的父类。子类可以从父类中继承属性，也可以继承方法。

子类对父类的继承在 Java 语言中很常用，在这里总结子类继承父类的准则。

（1）子类能够继承父类中 public 和 protected 的成员。

(2) 如果子类和父类在同一个包内,子类能够继承父类中没有访问控制的成员。

(3) 子类不能继承父类中 private 成员。

(4) 子类不能继承父类中的构造方法(但可以使用 super 关键字来调用,在后面 5.2.5 节中会讲到)。

(5) 子类不能继承父类隐藏的成员变量和覆盖的父类方法。

【例 5-3】 子类继承父类。

首先,创建 Employee 类,并且声明员工的姓名和薪水变量,然后创建相关成员方法。

```java
public class Employee{
    private String name;
    private double salary;

    public Employee(){
        System.out.println("调用构造方法 Employee()");
    }

    public Employee(String name){
        this.name=name;
        System.out.println("调用构造方法 Employee(String name)");
    }

    public Employee(String name, double salary){
        this.name=name;
        this.salary=salary;
        System.out.println("调用构造方法 Employee(String name, double salary)");
    }

    public String getName(){
        return name;
    }

    public void setName(String name){
        this.name=name;
    }

    public double getSalary(){
        return salary;
    }

    public void setSalary(double salary){
        this.salary=salary;
    }

    public void setSalary(int level){
        switch(level){
```

```
        case 1:
            salary=salary*1.5;
            break;
        case 2:
            salary=salary*2;
            break;
        case 3:
            salary=salary*2.5;
            break;
        }
    }
}
```

如果一个员工是工程师,那么该员工一定同时满足了 Employee 类里的所有方法,也就是说 Engineer 类是 Employee 类的子类,因此在创建 Engineer 类的时候不需要再做重复的工作,只需要继承 Employee 类即可:

```
public class Engineer extends Employee{
    private String tech;
    public Engineer(){
        System.out.println("调用构造方法 Engineer()");
    }

    public String getTech(){
        return tech;
    }

    public void setTech(String tech){
        this.tech=tech;
    }
}
```

上面一段代码是员工为工程师的情况,但是,一个企业一定会有不同类型的员工,如经理、客服等。下面给出的是销售人员类,销售人员也是员工的一部分,因此,可以继承父类 Employee 类:

```
public class Sales extends Employee{
    private double task;
    public Sales(){
        System.out.println("调用构造方法 Sales()");
    }

    public double getTask(){
        return task;
    }
```

```
public void setTask(double task){
    this.task=task;
}
}
```

该实例创建了父类 Employee,然后根据员工的区别进而创建了 Engineer 类和 Sales 类,这两个类均为 Employee 的子类,因此使用了继承。最后,使用如下语句创建子类 Engineer 和 Sales 对象:

```
Sales sales=new Sales();
Engineer engineer=new Engineer();
```

运行结果:

调用构造方法 Employee()
调用构造方法 Employee(String name)
调用构造方法 Employee(String name, double salary)
调用构造方法 Engineer()
调用构造方法 Sales()

5.2.3 抽象类和抽象方法

知道了类和对象的概念,也知道了修饰符的概念,那什么是抽象类呢? 什么又是抽象方法呢?

抽象类就是用 abstract 关键字修饰的类。抽象类必须被继承,但是不能被实例化。下面是创建抽象类的一般格式:

```
abstract class 抽象类{
    方法体;
}
```

抽象方法是用 abstract 关键字来修饰的方法,抽象方法只能声明,不能实现。下面是创建抽象方法的一般格式:

```
abstract 返回类型 抽象方法(参数);
```

抽象类和抽象方法的一般格式都不难理解,只需要在前面使用 abstract 修饰符,需要重点学习的是其使用准则。

(1) 抽象类不能被直接实例化,只有它的非抽象子类可以创建对象。
(2) 抽象类中不一定包含抽象方法,但包含抽象方法的类必定是抽象类。
(3) 抽象类中的抽象方法只是声明,不包含方法体。
(4) 构造方法和类方法不能声明为抽象方法。
(5) 抽象类的子类必须给出抽象类中的抽象方法的具体实现,如果该子类也是抽象类,则不需要。

下面通过一段代码来解释以上抽象类和抽象方法的使用准则。

首先,定义一个抽象类 Vehicle,其中有抽象方法 drive 和一个实现的方法 repair,抽象类 Vehicle 不能被实例化，抽象方法 drive 不能包含方法体：

```
abstract class Vehicle {
abstract void drive();

abstract void repair(){
    System.out.println("Vehicle. drive()");
}
}
```

接下来定义了两个类 Car 和 Trunk，这两个类都继承了 Vehicle 抽象类，根据准则，需要给出抽象类 Vehicle 中的抽象方法 drive() 的具体实现：

```
class Car extends Vehicle{
void drive(){
    System.out.println("Car. drive()");
}

void repair(){
    System.out.println("Car. repair ()");
}
}

class Trunkextends Vehicle{
void drive(){
    System.out.println("Trunk. drive()");
    }

void repair(){
    System.out.println("Trunk. repair ()");
}
}
```

5.2.4　super 的使用

上一节学习子类对父类继承准则时提到过，在两种情况下子类不能继承父类，即子类不能继承父类中的构造方法，子类不能继承父类隐藏的成员变量和覆盖的父类方法。如果要继承需要使用 super 关键字。

1. 调用父类的构造方法

子类继承父类的构造方法需要使用关键字 super，而且 super 必须是构造方法中的第一条语句，一般格式为

```
super([参数列表])
```

【例 5-4】 调用父类的构造方法。

```
public class Employee{
    private String name;
```

```java
    private int age;
    private String salary;

    public Employee(String name, int age, String salary){
        this.name=name;
        this.age=age;
        this.salary=salary;
    }

    public Employee(String name, int age){
        this(name, age, null);
    }

    public Employee(String name, String salary){
        this(name, 24, salary);
    }

    public Employee(String name){
        this(name, 24);
    }
}

class Manager extends Employee{
    private String Mname;

    public Manager(String name, String salary, String Mname){
        super(name, salary);
        this.Mname=Mname;
    }

    public Manager(String name, String Mname){
        super(name);
        this.Mname=Mname;
    }

    public Manager(String Mname){
        //报错
        this.Mname=Mname;
    }
}
```

程序说明：

该实例是super关键字调用父类构造方法的典型应用。在父类Employee中定义了构造方法，由子类Manager继承父类。最后一段代码之所以报错是因为Employee类中并没有定义无参数的构造函数Employee()。改正的话需要在父类中定义一个Employee()无参数的构造函数。

2. 调用父类中被隐藏的成员变量和覆盖的父类方法

当子类中定义了与父类同名的成员变量的时候,父类中的同名成员变量就会被隐藏。当子类中声明了一个方法,方法声明部分与父类中的方法完全相同,那么父类的这个方法将被子类方法覆盖。这两种情况下,需要使用 super 关键字来调用父类中被隐藏的成员变量和被覆盖的方法,其一般格式如下:

super.父类的成员变量;
super.父类的成员方法;

【例 5-5】 Super.java。

```java
class Animal{
    int feather;

    Animal(){
        System.out.println("第一个 constructor");
    }

    Animal(int feather){
        this.feather=feather;
        System.out.println("第二个 constructor");
    }

    void eat(){
        System.out.println("eat 方法");
    }

    void rest(){
        System.out.println("rest 方法");
    }
}

class Crab extends Animal{
    String feather="没有 feather!";

    Crab(){
        super(8);
        System.out.println("constructor");
    }

    void rest(){
        super.rest();
        System.out.println("子类 rest 方法");
    }

    void getfeather(){
        System.out.println(super.feather);
        System.out.println(feather);
```

```java
        }
    }
    public class Super {
        public static void main(String args[]){
            Crab crab=new Crab();
            crab.rest();
            crab.getfeather();
        }
    }
```

运行结果：

第二个 constructor
constructor
rest 方法
子类 rest 方法
8
没有 feather!

程序说明：

子类中定义的 feather 变量隐藏了父类的同名变量，子类中 rest()方法覆盖了父类的 rest()方法，因此在子类中使用 super 关键字调用了父类中的对应变量和方法：super. Feather 和 super.rest()。

5.2.5 this 的使用

在前面的实例中已经使用了关键字 this，只是没有作为讲解的重点。在这里进行详细阐述。

this 关键字代表的是本类中的对象。this 关键字有以下 3 种用法。

this 的第一种用法是给成员变量赋值。在一个类中如果局部变量的名字与成员变量的名字相同，则成员变量被隐藏，需要使用 this 关键字调用当前对象的成员变量：

```java
class Circle{
    private double area;
    private double radious;

    Circle(double area, double radious){
        this.area=area;
        this.radious=radious;
    }
}
```

this 的第二种用法是调用本类中的其他构造方法，调用时要放在构造方法的第一行：

```java
class Circle{
    private double area;
    private double radious;
```

```java
    public Circle(float a,folat b){
        area=a;
        radious=b;
    }

    public Circle(){
        this(12.5f, 2.0f);
    }
}
```

this 的第三种用法是在实例方法中使用(不能在类方法中使用)。在实例方法中使用 this 来调用的是当前对象的成员变量或成员方法。如例 5-6。

【例 5-6】 This.java。

```java
class Circle{
    int radious;

    void A(){
        radious=8;
    }

    void B(){
        this.radious=6;
        System.out.println(radious);
        this.A();
        System.out.println(radious);
    }
}

class This {
    public static void main(String args[]){
        Circle circle=new Circle();
        circle.B();
    }
}
```

运行结果:

6
8

5.3 类的多态

Java 语言中的最后一个高级特性多态主要体现在方法重载和方法覆盖上。在开始本节之前,需要看一个生活中的例子,员工实现多态如图 5-3 所示。

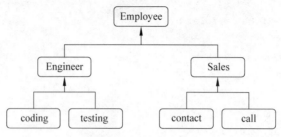

图 5-3　员工实现多态

图 5-3 中有两类员工，一类是工程师，另一类是销售人员。工程师的工作是编码和测试，销售人员的工作是联系客户和打电话。我们可以假设 Employee 父类定义了开始工作的方法。那么在 Engineer 类中相应需要做的就是编码和测试，而在 Sales 类中需要做的就是联系客户和打电话。在这个模型中便实现了 Employee 类的多态性。

5.3.1　多态的基本概念

多态就是一个对象变量可以指向多种实际类型的现象。在 Java 语言中有两种方式实现多态，即方法重载和方法覆盖。方法重载指的是，子类中的一个方法与父类同名，但参数不同。方法覆盖指的是，子类中的一个方法不仅与父类同名，并且与父类方法的声明部分完全相同。

多态的应用广泛，它可以使代码变得更通用，以适应需求的变化。也就是定义在父类中的方法，可以在子类中由不同的实现将其覆盖，再为父类型的对象变量赋值相应功能的子类的对象实例。

5.3.2　方法重载

在 Java 语言中，成员方法和构造方法都可以重载。方法重载有如下特点。

(1) 子类与父类方法名称相同。
(2) 子类与父类方法的形参的个数或类型不同。
(3) 重载的方法可以返回值不同。
(4) 子类与父类方法的修饰符可以不相同。

【例 5-7】　成员方法重载 Polymorphic1.java。

```java
class Arithmetic {
public int Add(int x, int y) {
    return x+y;
}

//重载 Add 方法
public long Add(long x, long y) {
    return x+y;
}

//重载 Add 方法
```

```java
    public double Add(double x, double y) {
        return x+y;
    }
}

public class Polymorphic1{
    public static void main(String args[]) {
        int a=2;
        int b=5;
        long c=123451234;
        long d=543215432;
        double e=10e-6;
        double f=10e-12;

        Arithmetic arithmetic=new Arithmetic();
        int g=arithmetic.Add(a, b);
        long h=arithmetic.Add(c, d);
        double i=arithmetic.Add(e, f);
        System.out.println(g);
        System.out.println(h);
        System.out.println(i);
    }
}
```

运行结果：

7
666666666
1.0000010000000002E-5

【例5-8】 构造方法重载 Polymorphic2.java。

```java
class Login {
    private String userName;
    private String password;

    Login() {
        System.out.println("null");
    }

    //重载构造方法
    Login(String name) {
        userName=name;
    }

    //重载构造方法
    Login(String name, String pwd) {
```

```java
        this(name);
        password=pwd;
        check();
    }

    void check(){
        String s=null;
        if(userName !=null) {
            s="用户名: "+userName;
        }
        else{
            s="用户名不能为空, ";
        }

        if(password !="word"){
            s=s+" 口令无效.";
        }
        else{
            s=s+" 口令:******";
        }
        System.out.println(s);
    }
}
public class Polymorphic2{
    public static void main(String args[]){
        new Login();
        new Login("zhang");
        new Login(null,"zhang");
        new Login("zhang","word");
    }
}
```

运行结果:

```
null
用户名不能为空, 口令无效.
用户名: zhang 口令:******
```

5.3.3 方法覆盖

方法覆盖与方法重载的最大区别在于,方法覆盖子类中的一个方法与父类方法的声明部分完全相同。它具有如下特点。

(1) 子类方法的名称、参数必须和父类方法的名称、参数一致。

(2) 子类方法不能缩小父类方法的访问权限。

(3) 方法覆盖只存在于子类和父类之间(在同一个类中方法是重载)。

（4）子类可以定义与父类的静态方法同名的静态方法，以便在子类中隐藏父类的静态方法。

（5）父类的私有方法不能被子类覆盖。

（6）父类的抽象方法能够被子类通过以下两种方式覆盖：一是子类实现父类的抽象方法，二是子类重新声明父类的抽象方法。

（7）父类的非抽象方法可以被覆盖为抽象方法。

【例 5-9】 Polymorphic3.java。

```java
class Cover{
public void Display(){
    System.out.println("Cover 父类");
}
}

class Cover1 extends Cover{
public void Display(){
    System.out.println("Cover1 子类覆盖 Cover 父类 Display()方法");
}
}

class Cover2 extends Cover{
public void Display(){
    System.out.println("Cover2 子类覆盖 Cover 父类 Display()方法");
}
}

public class Polymorphic3{
public static void main(String args[]){
    Cover temp;
    Cover1 a=new Cover1();
    Cover2 b=new Cover2();

    temp=a;
    temp.Display();
    temp=b;
    temp.Display();
}
}
```

运行结果：

Cover1 子类覆盖 Cover 父类 Display()方法
Cover2 子类覆盖 Cover 父类 Display()方法

程序说明：

该实例实现了程序运行时动态调用不同方法的多态性。当父类对象 temp 被赋予子类对象 a 时,其调用的方法是 Cover1 中定义的已经被覆盖的 Display 方法。当父类对象 temp 被赋予子类对象 b 时,其调用的方法是 Cover2 中定义的已经被覆盖的 Display 方法。

5.4 综合实例

【例 5-10】 Test.java。

```java
class Tree {
    //声明变量,树的属性
    String object;
    int age;
    int state;

    //Tree类的构造方法
    Tree() {

    }

    Tree(String object) {
        //注意 this 关键字的使用
        this.object=object;
    }

    //成员方法
    void position() {
        System.out.println(object+"position");
    }

    void treestate(int state) {
        if (state>0) {
            System.out.println("健康");
        } else {
            System.out.println("需要保养");
        }
    }

    void treeage(int age) {
        System.out.println("树龄"+age);
    }
}

class Wutong extends Tree {
    int state=1;
    int age=12;
```

```java
    //创建类的构造方法,使之能进行类方法的重载
    Wutong() {
    }

    //重载了类的方法,用来处理类对象的属性变量
    Wutong(String object) {
        super(object);
    }

    void position() {
        System.out.println(object+"法国引进");
        //state(state);
    }
}

class Baiyang extends Tree {
    int state=0;
    int age=8;

    Baiyang() {
    }

    Baiyang(String object) {
        super(object);
    }

    void position() {
        System.out.println(object+"意大利引进");
    }
}

class Liushu extends Tree {
    int state=5;
    int age=3;

    Liushu() {
    }

    Liushu(String object) {
        super(object);
    }

    void position() {
        System.out.println(object+"美国引进");
    }
```

```java
}
public class Test {
    public static void main(String[] args) {
        //创建类的实例
        Wutong a=new Wutong("梧桐树");
        Baiyang b=new Baiyang("白杨树");
        Liushu c=new Liushu("柳树");

        a.position();
        a.treestate(a.state);
        a.treeage(a.age);
        b.position();
        b.treestate(b.state);
        b.treeage(b.age);
        c.position();
        c.treestate(c.state);
        c.treeage(c.age);
    }
}
```

运行结果：

梧桐树法国引进
健康
树龄 12
白杨树意大利引进
需要保养
树龄 8
柳树美国引进
健康
树龄 3

程序说明：

该综合实例涵盖了我们学习过的继承和多态的使用，属于简单的综合实例。程序中通过 3 种不同树木对父类 Tree 的继承，分别实现了各自的方法，来判断树龄、是否需要保养、引进国家等内容。

5.5 小　　结

本章重点讲解了封装、继承和多态，并且已经多次强调了三大特性的重要程度。需要重点理解的内容如下。

(1) 封装的概念和程序设计思想。
(2) 继承的概念。

(3) 子类对父类的继承。

(4) super 和 this 的用法。

(5) 多态的概念。

(6) 多态的成员方法重载、构造方法重载、方法覆盖。

5.6 课后习题

1. 下列不属于面向对象编程的 3 个特征的是（   ）。

    A. 封装   B. 指针操作   C. 多态性   D. 继承

2. 下面程序定义了一个类，关于该类说法正确的是（   ）。

```
abstract class abstractClass{
   ⋮
}
```

    A. 该类能调用 new abstractClass()，方法实例化为一个对象

    B. 该类不能被继承

    C. 该类的方法都不能被重载

    D. 以上说法都不对

3. 假设在 Java 源程序文件 MyClass.java 中只含有一个类，而且这个类必须能够被位于一个庞大的软件系统中的所有 Java 类访问到，那么下面（   ）声明有可能是符合要求的类声明。

    A. private class MyClass extends Object

    B. public class myclass extends Object

    C. public class MyClass

    D. class MyClass extends Object

4. 关于构造方法，下列说法错误的是（   ）。

    A. 构造方法不可以进行方法重载

    B. 构造方法用来初始化该类的一个新的对象

    C. 构造方法具有和类名相同的名称

    D. 构造方法不返回任何数据类型

5. Java 中，实现继承的关键字是（   ）。

    A. public

    B. class

    C. extends

    D. implements

6. 关键字 supper 的作用是（   ）。

    A. 用来访问父类被隐藏的成员变量

    B. 用来调用父类中被重载的方法

    C. 用来调用父类的构造函数

D. 以上都是

7. 要求设计一个类,它拥有一个特殊的成员域,该成员域必须能够被这个类的子类访问到,但是不能被不在同一个包内的其他类访问到。下面(　　)可以满足上述要求。

　　A. 该成员域的封装属性设置为 public
　　B. 该成员域的封装属性设置为 private
　　C. 该成员域的封装属性设置为 protected
　　D. 该成员域不需要特殊的封装属性

8. 下面关于继承的说法,正确的是(　　)。

　　A. 超类的对象就是子类的对象
　　B. 一个类可以有几个超类
　　C. 一个类只能有一个子类
　　D. 一个类只能有一个超类

9. 下面关于多态性的说法,正确的是(　　)。

　　A. 一个类中不能有同名的方法
　　B. 子类中不能有和父类中同名的方法
　　C. 子类中可以有和父类中同名且参数相同的方法
　　D. 多态性就是方法的名字可以一样,但返回的类型必须不一样

10. 下面的方法重载,正确的是(　　)。

　　A. int fun(int a, float b) {}
　　B. float fun(int a, float b) {}
　　　 float fun(int a, float b) {}
　　　 float fun(int x, float y) {}
　　C. float fun(float a) {}
　　D. float fun1(int a, float b) {}
　　　 float fun(float a, float b) {}
　　　 float fun2(int a, float b) {}

11. 将空缺部分贴上合适的关键字或修饰符:

```
_____ class C
{
    abstract void callme()
        void metoo
        {
            System.out.println("类 C 的 metoo()方法");
        }
}
class D _____ C
{
    void callme()
        {
            System.out.println("重载 C 类的 callme()方法");
```

```
        }
    }
public class Abstract
    {
        public static void main(String args[])
    }
C c=_____D();
c.callme();
c.metoo();
}
```

12. 继承主要强调子类在父类的基础上取长补短,而_____主要强调的是类与类之间的传输。

13. 在 Java 程序中,把关键字_____加到方法名称的前面,来实现子类调用父类的方法。

14. 利用多态性编程,实现求三角形、正方形和圆形面积。方法:抽象出一个共享父类,定义一函数为求面积的公共界面,再重新定义各形状的求面积函数。在主类中创建不同类的对象,并求得不同形状的面积。

第 6 章 接口和包

学习目的与要求

本章介绍接口和包,接口和包都是为类服务的。Java 语言中类的单重继承使得 Java 语言的程序结构清晰和准确,但在处理较复杂问题中遇到了困难,为此引入接口的概念。而包的使用将类更好地组织起来,可以更好地利用类。

本章主要内容

(1) 如何定义接口。
(2) 如何实现接口。
(3) 接口的继承。
(4) Java 中的 API 包。
(5) 包的引用。

6.1 接口

第 4 章中讲过,Java 语言只支持单继承,也就是说在定义子类的时候,每个子类只允许有一个父类。但是,在开发中多继承是大量存在的,为了在 Java 语言中得到多继承的效果,提供了接口的概念。使用接口可以间接地实现多继承。接口的语法与类相似,它是 Java 语言封装性的另一种体现,属于复合数据类型。

看一个生活中的例子,现实世界中存在各种各样的动物,如老虎、鱼、鸟、乌龟等,"动物"这两个字表示的只是能够运动、有生命个体的特性,但不能反映出无以计数的各种各样动物的具体情况,我们把上面提到的动物都看做不同的类,而这些类都继承了"动物"这个接口。

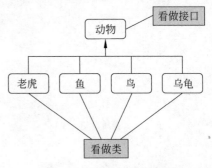

图 6-1 生活中接口的继承

生活中接口的继承如图 6-1 所示。

6.1.1 接口的定义

接口的定义包括接口声明和接口体。定义接口的关键字是 interface,一般格式如下:

```
interface 接口名 [extends 父类接口名列表]
{
    接口体;
}
```

除了关键字以外接口的定义和类相似,因为接口也是一种特殊的类,因此,接口也具有继承性。定义接口时可以使用 extends 关键字来继承父接口,它将继承父接口的所有常量

和方法。与类不同,类只能有一个直接父类,但是一个接口可以有多个父接口,它们之间用",",分隔,形成父接口列表。例如:

```
interface Interface extends Test1, Test2, Test3{}
```

接口的定义只给出了抽象方法,具体实现接口所声明的方法,则需要相应的类为接口中的每一个抽象方法定义具体操作来实现这个接口。例如:

```
interface Interface {
    int a=6;
    void Add();
}
```

【例 6-1】 接口的定义。

```
interface Sortable {
    //定义一个接口
    int Compare(Sortable s);
}

class Sort {
    //定义一个排序类
    public static void SelectSort(Sortable a[]) {
        int i, j, k;
        Sortable temp;

        for (i=0; i<a.length-1; i++) {
           k=i;
           for (j=i+1; j<a.length; j++) {
              if(a[k].Compare(a[j])<0)
                 k=j;
           }
           temp=a[i];
           a[i]=a[k];
           a[k]=temp;
        }
    }
}
```

6.1.2 接口的实现

一个类通过使用关键字 implements 声明自己实现接口,如果一个类实现多个接口,应该在接口名之间用逗号隔开。

【例 6-2】 ImplementsTest1.java。

```
interface Animal{
    int AGE=4;
```

```java
        void run();
    }

    class Dog implements Animal{
        //使用接口定义的常量赋值
        int age=AGE;
        //实现接口中的抽象方法
        public void run(){
            System.out.println("age: "+age);
        }
    }

    class Husky extends Dog{
        //覆盖 Dog 中的方法
        public void run(){
            System.out.println("run");
        }
    }

    public class ImplementsTest1{
        public static void main(String args[]){
            Husky husky=new Husky();
            //自动类型转换
            makeRun(husky);

            Dog dog=new Dog();
            makeRun(dog);
        }

        public static void makeRun(Animal animal){
            animal.run();
        }
    }
```

运行结果：

run
age: 4

程序说明：

该实例定义了一个 Animal 接口，由 Dog 类实现该接口，并且对接口中所定义的常量 AGE 赋值，同时实现了接口中的抽象方法 run()。类 Husky 继承了 Dog 类，并且覆盖了类 Dog 中的方法。

在 Java 语言中，为了实现多继承的效果，使用了接口，因此，一个类可以实现多个接口，同时还可以继承一个类。

【例 6-3】 ImplementsTest2.java。

```java
//定义接口 A
interface A {
    void a();
}

//定义接口 B
interface B {
    void b();
}

class C {
    public void c() {
        System.out.println("方法 c()属于类 C");
    }
}

//类 D 继承父类 C,并实现了接口 A 和 B
class D extends C implements A, B {
    public void a() {
        System.out.println("方法 a()属于类 D");
    }

    public void b() {
        System.out.println("方法 b()属于类 D");
    }

    public void c() {
        System.out.println("方法 c()属于类 D");
    }
}

public class ImplementsTest2{
    public static void main(String args[]) {
        D d=new D();
        runa(d);
        runb(d);
        runc(d);
    }

    static void runa(A a) {
        a.a();
    }

    static void runb(B b) {
        b.b();
```

```java
        }
        static void runc(C c) {
            c.c();
        }
    }
```

运行结果：

方法 a()属于类 D
方法 b()属于类 D
方法 c()属于类 D

程序说明：

该实例的目的在于解释 Java 语言中是如何用接口实现多继承的。在实例中先定义了 A 和 B 两个接口，以及父类 C，然后定义了类 D，它同时实现了 A 和 B 两个接口，并且继承了父类 C。在这里一定要先写出所继承的父类，后写所实现的接口。

6.1.3 接口的继承

前面已经提到过，接口与类相似，也可以使用继承，并且能够实现多继承。

【例 6-4】 ExtendsTest.java。

```java
interface A {
void a();
}

interface B {
void b();
}

//接口的单继承
interface C extends A {
void c();
}

//接口的多继承
interface D extends B, C {
void d();
}

//类 E 实现了接口 D
class E implements D {
public void a() {
    System.out.println("方法 a()属于接口 D");
}
```

```java
    public void b() {
        System.out.println("方法 b()属于接口 D");
    }

    public void c() {
        System.out.println("方法 c()属于接口 D");
    }

    public void d() {
        System.out.println("方法 d()属于接口 D");
    }
}

public class ExtendsTest {
    public static void main(String args[]) {
        E e=new E();
        runa(e);
        runb(e);
        runc(e);
        rund(e);
    }

    public static void runa(A a) {
        a.a();
    }

    public static void runb(B b) {
        b.b();
    }

    public static void runc(C c) {
        c.c();
    }

    public static void rund(D d) {
        d.d();
    }
}
```

运行结果：

方法 a()属于接口 D
方法 b()属于接口 D
方法 c()属于接口 D
方法 d()属于接口 D

程序说明：

该实例中,定义了 4 个接口:A、B、C、D,接口 C 继承了接口 A,接口 D 同时继承了接口 B 和 C,类 E 又实现了接口 D。

6.1.4　比较接口和抽象类

接口和抽象类都位于继承树的上层,它们有很多相似之处。首先,它们都不能被实例化。其次,都代表了系统的抽象层。除此之外,它们都包含抽象方法,这些抽象方法用于描述系统能提供哪些服务,但不提供具体的实现。

即使接口和抽象类具有很多相同点,但是更应该关注它们之间的区别,这样才能更好地利用并区分接口和抽象类。它们的不同表现在如下几个方面。

(1) 在接口中只能包含抽象方法,但是在抽象类中可以为部分方法提供默认的实现,这样就不必在子类中重复实现它们。

(2) 接口被公布,就必须非常稳定,因为随意在接口中添加抽象方法,会影响所有的实现类。而抽象类不同,在抽象类中允许实现方法,因此可以扩展抽象类,不会对它的子类造成影响。

(3) 接口的好处在于,一个类可以实现多个接口,但是一个类只能继承一个直接的父类,这个父类可能是抽象类。

6.2　包

在 Java 系统中有许多类和接口,除了自己编写的各种不同的类和接口之外,Java 系统为用户也提供了大量的类和接口来满足各种需求。为了管理这些类和接口,Java 系统提供了包的封装机制,利用包的概念把相互关联或功能相近的类和接口放在一起,使程序结构清晰、层次分明。

6.2.1　包的定义

包是由一组类和接口所组成的具有一定功能的集合。简单地说,是将一组功能相关的类和接口打包起来形成的整体,就是包。在 Java 语言中,包的使用可以使类的组织更加合理,避免类的名称冲突。而且,包具有一定的访问控制能力,可以从更上层的角度进行访问权限控制。

包的一般格式如下:

```
package 包名;
```

包名可以是一个合法的标识符,例如:

```
package javaDesgin;
```

也可以用若干个标识符加"."分割而成,例如:

```
package javaDesgin.java;
```

☞ 注意:就像一个目录下不能有同名文件一样,同一包中也不能有同名的类或接口,有了包就可以把同名的类或接口放入不同的包中,这样包又提供了一种灵活的命名机制。

6.2.2 Java 中的包

Java 系统为用户提供了很多常用的包,可以通过直接引用来使用这些包,Java 中常用的 API 包如表 6-1 所示。

表 6-1　Java 中常用的 API 包

API 包	功　　能
java.lang	包含 Java 语言的核心类库
java.io	标准输入输出类库
java.util	提供各种使用工具类
java.awt	组建标准 GUI,包含众多的图形组件、方法和事件
java.applet	提供对通用 applet 的支持,是所有 applet 的父类
java.net	实现 Java 网络功能的类库
java.security	支持 Java 程序安全性
java.sql	实现 JDBC 的类库

(1) java.lang 包:Java 的核心类库,包含运行 Java 程序必不可少的系统类,如基本数据类型、基本数学函数、字符串处理、线程、异常处理类等,系统默认加载这个包。

(2) java.io 包:Java 语言的标准输入输出类库,如基本输入输出流、文件输入输出、过滤输入输出流等。

(3) java.util 包:Java 的实用工具类库。在这个包中,Java 提供了一些实用的方法和数据结构。例如,Java 提供日期(Data)类、日历(Calendar)类来产生和获取日期及时间,提供随机数(Random)类产生各种类型的随机数,还提供了堆栈(Stack)、向量(Vector)、位集合(Bitset)以及哈希表(Hashtable)等类来表示相应的数据结构。

(4) java.awt 包:构建图形用户界面(GUI)的类库,低级绘图操作 Graphics 类,图形界面组件和布局管理,如 Checkbox 类、Container 类、LayoutManger 接口等,以及界面用户交互控制和事件响应,如 Event 类。

6.2.3 包的创建

因为包在项目中可以很好地管理文件,因此很多时候人们需要创建包,但包的创建需要十分谨慎,比如包的命名,包的层次关系等,都需要仔细斟酌,否则适得其反。包的创建大致分为以下两个部分。

1. 创建文件夹

首先要创建文件夹和子文件夹。比如,创建一个文件夹 a01,将一个项目中的代码都放入这个 a01 包中,如图 6-2 所示。

文件夹 a01 创建好以后,根据需要应该继续创建若干子文件夹。比如,根据项目 a01 的需要,创建了 5 个子文件夹,分别是 action、dto、form、model、service,如图 6-3 所示。

图 6-2　项目包

图 6-3　项目子包

2. 创建并编辑 Java 文件

所有的文件夹创建好以后,下面要做的是创建 Java 文件。以 action 文件夹为例,可以创建 4 个 Java 文件,分别命名为 A0101InitialAction.java、A0101QueryAction.java、A0102InitialAction.java、A0102RetrieveAction.java,如图 6-4 所示。

Java 文件创建好以后需要对其进行编辑。以图示第一个文件 A0101InitialAction.java 为例,需要编辑的内容包括包的位置、类的源代码文件、作者、日期、版本等内容,如图 6-5 所示。

图 6-4　创建 Java 文件

```
1  package a01.action;
2
3  /**
4   * @author   Zhang Xingcheng
5   * @version  1.0
6   * @since    1.0
7   *
8   * <MODIFICATION HISTORY>
9   * (Rev.)  (Date)      (Name)           (Comment)
10  *  1.0    2013/1/17   Zhang Xingcheng   New making
11  */
12 public class A0101InitialAction {
13
14 }
```

图 6-5　文件编辑

如果是比较大型项目,会涉及很多的接口和类的继承关系,因此会用到非常多的包和子包,因此包和子包的命名、功能分类就尤为关键。这些技巧和方法需要在以后的项目中慢慢体会。

6.2.4　包的引用

使用 import 语句可以引入包中的类。在编写源文件时,除了自己编写类外,经常要引用 Java 提供的类,这些类在不同的包中。学习 Java 时,使用已经存在的类,避免一切从头开始,这是面向对象编程的一个重要方面。

import 语句位于 package 语句之后,类定义之前,其使用一般格式如下:

import package.(类名);

如果想要引入一个包中的全部类,可以用 * 代替类名,例如:

import package.(*);

引入包的时候采用"*"号不影响程序的运行性能,但会影响编译速度。所以,指明具体类比引入整个包更为合理。例如:

//引入java.awt包中所有类
import java.awt.*;
//引入java.util中的Date类
import java.util.Date;

【例6-5】 Package.java。

```java
import java.awt.*;
import javax.swing.*;

public class Package {
    public static void main(String arg[]) {
        Package test=new Package ();
        test.go();
    }

JFrame win=new JFrame("调查问卷");
Container contentPane=win.getContentPane();
JLabel questionTest=new JLabel("计算机专业课程", JLabel.CENTER);
JLabel JLabel1=new JLabel("1.喜欢的课程：", JLabel.LEFT);
JCheckBox c1=new JCheckBox("Java 程序设计", true);
JCheckBox c2=new JCheckBox("C 语言程序设计");
JCheckBox c3=new JCheckBox("数据结构");
JLabel JLabel2=new JLabel("2.性别：", JLabel.LEFT);
ButtonGroup bgroup=new ButtonGroup();
JRadioButton r1=new JRadioButton("男", true);
JRadioButton r2=new JRadioButton("女");
JLabel JLabel3=new JLabel("3.出生的年份：", JLabel.LEFT);
String year[]={"1994", "1995", "1996", "1997", "1998", "1999", "2000", "2001", "2002"};
JComboBox jcmb=new JComboBox(year);
JLabel JLabel4=new JLabel("4.联系方式：", JLabel.LEFT);
JTextField txt=new JTextField(10);
JButton tiJiao=new JButton("提交");
JPanel p=new JPanel();
JPanel p1=new JPanel();
JPanel p2=new JPanel();
JPanel p3=new JPanel();
JPanel p4=new JPanel();
JPanel p5=new JPanel();

public void go() {
    contentPane.setLayout(new BorderLayout());
    p.setLayout(new GridLayout(4, 1));
    p1.setLayout(new GridLayout(4, 1));
```

```
            p2.setLayout(new GridLayout(3, 1));
            p4.setLayout(new FlowLayout(FlowLayout.LEADING));
            p5.setLayout(new FlowLayout(FlowLayout.LEADING));
            bgroup.add(r1);
            bgroup.add(r2);
            p1.add(JLabel1);
            p1.add(c1);
            p1.add(c2);
            p1.add(c3);
            p2.add(JLabel2);
            p2.add(r1);
            p2.add(r2);
            p3.add(tiJiao);
            p4.add(JLabel3);
            p4.add(jcmb);
            p5.add(JLabel4);
            p5.add(txt);
            p.add(p1);
            p.add(p2);
            p.add(p4);
            p.add(p5);
            contentPane.add(questionTest, BorderLayout.NORTH);
            contentPane.add(p, BorderLayout.CENTER);
            contentPane.add(p3, BorderLayout.SOUTH);
            win.setSize(400, 300);
            win.setVisible(true);
    }
}
```

运行结果：

例 6-5 的编译结果如图 6-6 所示。

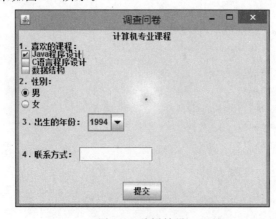

图 6-6　编译结果

程序说明：

该实例的具体细节会在后续章节的图形用户界面设计中讲解。这里需要解释的是包的引用,该段程序引用了 java.awt.* 和 javax.swing.*,我们所编写的代码基本上都是在调用这两个包里面已经为用户封装好的方法,通过几次调用就可以显示图6-6的结果。因此,对 Java 包的引用可以大大提高程序设计的效率,节省时间和资源。

6.3 小　　结

本章所讲解的接口和包作为 Java 语言类的辅助部分,没有过多的内容。接口和包都是为了更好地使用类来服务的,需要重点理解以下内容。

(1) 接口的概念。
(2) 如何使用接口和接口的继承。
(3) 如何创建包。
(4) Java 中常用的 API 包,并学会引用包。

6.4 课后习题

1. 将类的成员的访问权限设置为默认的,则该成员能被(　　)。
   A. 同一包中的类访问　　　　　　　B. 其他包中的类访问
   C. 所有的类访问　　　　　　　　　D. 所有的类的子类访问
2. 假设下面的程序代码都放在 MyClass.java 文件中,(　　)程序代码能够编译通过。
   A. import java.awt.*;
   B. package mypackage;
      package mypackage;
      import java.awt.*;
      class MyClass {}
      public class myClass {}
   C. int m;
   D. package mypackage;
      package mypackage;
      import java.awt.*;
      import java.awt.*;
      class MyClass {}
      public class MyClass {}
3. 在 Java 中,用 package 语句说明一个包时,该包的层次结构必须是(　　)。
   A. 与文件目录的层次相同　　　　　B. 与文件的结构相同
   C. 与文件的类型相同　　　　　　　D. 与文件的大小相同
4. 抽象窗口工具包(　　)是 Java 提供的建立图形用户界面 GUI 的开发包。
   A. AWT　　　　B. Swing　　　　C. Java.io　　　　D. Java.lang

5. （多选题）在 Java 语言中，在包 Package1 中包含包 Package，类 Class_A 直接隶属于包 Package1，类 Class_B 直接隶属于包 Package2。在类 Class_C 要应用 Class_A 的方法 A 和 Class_B 的方法 B，需要（　　）语句。

  A．import Package1.*；   B．import Package1.Package2.*；

  C．import Package2.*；   D．import Package2.Package1.*；

6. 下列说法正确的是（　　）。

  A．Java 中包的主要作用是实现跨平台功能

  B．package 语句只能放在 import 语句后面

  C．包（package）由一组类（class）和界面（interface）组成

  D．可以用 #include 关键词来标明来自其他包中的类

7. 使我们能够使用和更改字体来显示或输入文本的类是（　　）

  A．Java.awt.Font   B．Java.awt.Graphics.Font

  C．Java.Graphics.Font   D．Java.Font

8. 在 Java 语言中，包 pack1 的类 class1 中有成员方法：protected void method_1(){…}，private void method_2(){…}，public void method_3(){…}和 void method_4(){…}，在包 pack2 中的类 class2 不是 class1 的子类，在 class2 中可以调用的方法有（　　）。

  A．method_1 B．method_2 C．method_3 D．method_4

9. 使用（　　）修饰符时，一个类能被同一包或不同包中的其他类访问。

  A．private B．protected C．public D．friendly

10. 下列关于 Java 对 import 语句规定的叙述中，正确的是（　　）。

  A．import 语句不能从一个包中引入多个类

  B．Java 源程序中至少要有一个 import 语句

  C．Java 源程序中 import 语句必须放在类的定义之前

  D．import 语句可以放在 package 语句之前

11. 任何一个 Java 程序都默认引入一个包，这个包的名字是_____。

12. 有一个类是所有类或接口的父类，这个类的名称是_____。

13. 一个类要具有可序列化的特性一般就必须实现接口_____。

14. Java 语言通过接口支持_____继承，使类继承具有更灵活的扩展性。

15. 接口是一种只含有抽象方法或_____的一种特殊抽象类。

16. 通过包的引用，编写一个简单程序，实现功能如图 6-7 所示。

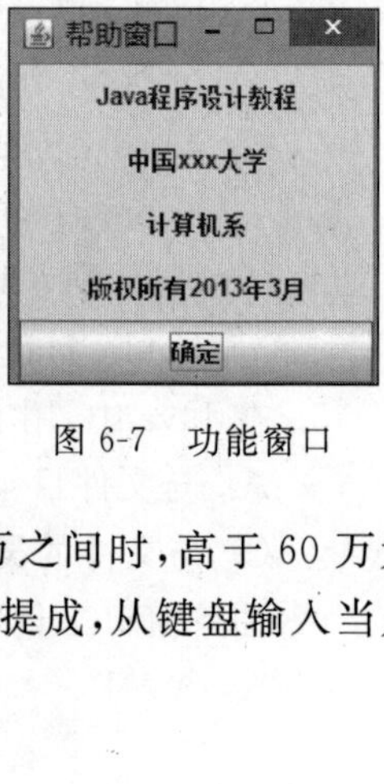

17. 经典习题：企业发放的奖金根据利润提成。利润（I）低于或等于 10 万元时，奖金可提 10%；利润高于 10 万元，低于 20 万元时，低于 10 万元的部分按 10% 提成，高于 10 万元的部分，可提成 7.5%；20 万到 40 万之间时，高于 20 万元的部分，可提成 5%；40 万到 60 万之间时高于 40 万元的部分，可提成 3%；60 万到 100 万之间时，高于 60 万元的部分，可提成 1.5%，高于 100 万元时，超过 100 万元的部分按 1% 提成，从键盘输入当月利润，求应发放奖金总数。

图 6-7　功能窗口

第 7 章 数组和字符串

学习目的与要求

数组和字符串是 Java 语言中重要也是最常见的两种对象数据类型,本章将详细介绍有关数组和字符串的相关知识。除此之外,正则表达式的应用也作为本章的最后一个重点进行详细介绍。

本章主要内容

(1) 一维数组的声明、初始化和引用。
(2) 二维数组的声明、初始化和引用。
(3) 数组的常用方法。
(4) 字符串的表示。
(5) 字符串的常用方法。
(6) 正则表达式。

7.1 一 维 数 组

7.1.1 一维数组的声明

使用数组和使用其他的变量一样,在使用前需要声明数组,其一般格式如下:

类型 数组名[];

或

类型[] 数组名;

类型表示的就是数组元素的数据类型,可以是简单数据类型,也可以是复合数据类型。数组名可以是合法的标识符。[]表明变量的数据类型为数组类型。如下实例为数组简单数据类型的声明:

int array[3];

或

int[3] array;

上述代码声明了一个数组名为 array、有 3 个元素的 int 类型数组。如下实例,为数组 String 复合数据类型的声明:

String array [] ;

7.1.2 一维数组的初始化

一维数组的初始化分为静态初始化和动态初始化两种。静态初始化一般适用于元素个数不多的情况,方便、简洁。而动态初始化适用更为广泛,方法更严谨,代码的可扩展性好。

1. 静态初始化

简单数据类型和复合数据类型的静态初始化一般格式如下

类型 数组名[]={元素 1,元素 2,元素 3,…};

例如,声明一个含有 3 个元素的 int 类型数组,并且对其进行静态初始化:

int array[]={1,2,3};

或者,声明一个含有 4 个元素的 String 类型数组,并且对其进行静态初始化:

String array[]={"Hello","World","my","friend"};

2. 动态初始化

(1) 简单数据类型和复合数据类型的动态初始化步骤有所不同。简单数据类型动态初始化的一般格式为

数组名=new 类型[数组大小];

或

类型 数组名[]=new 类型[数组大小]

例如,声明一个 int 类型的数组 array,并且对其进行动态初始化:

```
int array[];
array=new int[4];
```

或

int array[]=new int[4];

(2) 复合数据类型的初始化必须分为两步,需要为每个数组元素开辟内存空间,其一般格式如下

数组名=new 类型[数组大小];
数组名[0]=new 类型(元素 1);
⋮
数组名[数组大小-1]=new 类型(元素 2);

例如,声明了一个 String 类型的数组,并且对其进行初始化,使得数组元素的内容为 Hello World my friend:

```
String array[];
Array=new String[4];
//为数组元素开辟内存空间
Array[0]=new type ("Hello");
Array[1]=new type ("World");
Array[2]=new type ("my");
Array[3]=new type ("friend");
```

【例 7-1】 Initialize1.java。

```java
public class Initialize1 {
    public static void main(String args[]) {
        //数组声明
        int array[];
        //数组初始化
        array=new int[4];

        array[0]=1;
        array[1]=2;
        array[2]=3;
        array[3]=4;

        float arrayf[]={1.0f, 2.0f, 3.0f, 4.0f};
        for (int i=0; i<4; i++) {
          System.out.println("array["+i+"]="+array[i]);
          System.out.println("arrayf["+i+"]="+arrayf[i]);
        }

    }
}
```

运行结果：

```
array[0]=1
arrayf[0]=1.0
array[1]=2
arrayf[1]=2.0
array[2]=3
arrayf[2]=3.0
array[3]=4
arrayf[3]=4.0
```

程序说明：

该实例声明并初始化了 array 和 arrayf 两个数组，然后通过 for 循环语句将数组中的值依次打印出来。

【例 7-2】 Initialize2.java。

```java
public class Initialize2{
    public static void main(String args[]) {
        //数组声明
        String array[];
        //数组初始化
        array=new String[4];
```

```java
        array[0]=new String("Hello");
        array[1]=new String("World");
        array[2]=new String("my");
        array[3]=new String("friend");
        for (int i=0; i<4; i++) {
            System.out.println("array["+i+"]="+array[i]);
        }

    }
}
```

运行结果：

```
array[0]=Hello
array[1]=World
array[2]=my
array[3]=friends
```

程序说明：

该实例声明并初始化了复合类型为 String 的数组,注意初始化的过程与简单类型的不同在哪里。

7.1.3 一维数组元素的引用

数组声明和初始化结束后,就可以引用数组中的元素了。引用数组元素的一般格式为

数组名[下标];

从前面的实例中可以看出,数组下标从 0 开始,一直到数组的长度减 1。每个数组都有一个 length 属性,它指明了数组的长度,如 array.length 就可以指明该数组的长度。

【例 7-3】 Quote.java。

```java
public class Quote {
    public static void main(String arg[]) {
        int i;
        //数组声明
        double array1[];
        char array2[];
        //初始化数组
        array1=new double[10];
        array2=new char[10];
        //声明并初始化数组
        int array3[]=new int[10];
        byte array4[]=new byte[10];
        //静态初始化
        char array5[]={'A', 'B', 'C', 'D', 'E', 'F', 'H', 'I', 'J', 'K'};
```

```
        System.out.println("a1.length="+array1.length);
        System.out.println("a2.length="+array2.length);
        System.out.println("a3.length="+array3.length);
        System.out.println("a4.length="+array4.length);
        System.out.println("a5.length="+array5.length);

        for (i=0; i<10; i++) {
            array1[i]=10.0+i;
            array3[i]=i;
            array2[i]=(char) (i+97);
        }

        System.out.println("\tarray1\tarray2\tarray3\tarray4\tarray5");
        System.out.println("\tdouble\tchar\tint\tbyte\tchar");
        for (i=0; i<10; i++)
            System.out.println("\t"+array1[i]+"\t"+array2[i]+"\t"
                +array3[i]+"\t"+array4[i]+"\t"+array5[i]);
    }
}
```

运行结果：

a1.length= 10
a2.length= 10
a3.length= 10
a4.length= 10
a5.length= 10

	array1	array2	array3	array4	array5
	double	char	int	byte	char
	10.0	a	0	0	A
	11.0	b	1	0	B
	12.0	c	2	0	C
	13.0	d	3	0	D
	14.0	e	4	0	E
	15.0	f	5	0	F
	16.0	g	6	0	G
	17.0	h	7	0	H
	18.0	i	8	0	I
	19.0	j	9	0	K

程序说明：

该实例声明并初始化了 5 个数组，这 5 个数组分别使用了不同的声明或初始化方式，是对前面学习的复习。该实例还使用了数组的 length 属性来判断数组的长度。上面的结果为 for 循环打印输出的 5 个数组内的所有元素。

7.2 二维数组

二维数组比起一维数组要复杂很多,二维数组如表 7-1 所示。

表 7-1 二维数组

0 列	1 列	2 列	3 列
0 行	array[0][0]	array[0][1]	array[0][2]
1 行	array[1][0]	array[1][1]	array[1][2]
2 行	array[2][0]	array[2][1]	array[2][2]

7.2.1 二维数组的声明

二维数组的声明与一维数组类似,其一般格式如下:

类型 数组名[][];

或

类型 [][]数组名;

例如,声明了一个 int 类型的二维数组:

int array[][];

对于复合类型的数组声明,例如:

String array[][];

7.2.2 二维数组的初始化

二维数组的初始化同一维数组一样,也分为静态初始化和动态初始化,下面简要说明。

1. 静态初始化

静态初始化的一般格式如下:

类型 数组名[][]={{元素 1,元素 2},{元素 1,元素 2},…,{元素 1,元素 2}};

比如说,声明如下二维数组:

int array[][]={{1,2},{1,2,3},{4,5,6}};

或

String array[][]={{"Hello","World"},{"my","freind"}};

2. 动态初始化

二维数组动态初始化有如下两种方法:

(1) 直接为每一维分配空间,其一般格式如下:

数组名=new 类型[ ][ ];

例如:

array=new int[3][4];

(2) 单独分配空间,其一般格式如下:

数组名[0]=new 类型[数组大小];
数组名[1]=new 类型[数组大小];

数组名[0][0]=new 类型(元素 1);
⋮
数组名[数组大小-1][数组大小-1]=new 类型(元素 2);

例如,声明并初始化一个 String 类型的二维数组:

```
String s[][]=new String[2][];
s[0]=new String[2];
s[1]=new String[2];
s[0][0]=new String("Hello");
s[0][1]=new String("World");
s[1][0]=new String("my");
s[1][1]=new String("friend");
```

【例 7-4】 Initialize3.java。

```
public class Initialize3{
    public static void main(String[] args) {
        int a[][]={
            {1, 2, 3},
            {5, 6, 7, 8},
            {11, 12, 13, 14, 15},
            {21, 22, 23, 24, 25, 26}
        };

        for (int i=0; i<a.length; i++) {
            System.out.println("a["+i+"]"+":");

            for (int j=0; j<a[i].length; j++) {
                System.out.println("a["+i+"]["+j+"]="+a[i][j]);
            }
        }
    }
}
```

运行结果:

```
a[0]:
a[0][0]=1
a[0][1]=2
a[0][2]=3
a[1]:
a[1][0]=5
a[1][1]=6
a[1][2]=7
a[1][3]=8
a[2]:
a[2][0]=11
a[2][1]=12
a[2][2]=13
a[2][3]=14
a[2][4]=15
a[3]:
a[3][0]=21
a[3][1]=22
a[3][2]=23
a[3][3]=24
a[3][4]=25
a[3][5]=26
```

程序说明：

该实例声明并初始化了一个二维数组，通过 for 循环语句将其所有的元素打印出来。

7.2.3 二维数组元素的引用

二维数组的引用方式一般格式如下：

数组名[下标1][下标2];

例如：

array[1][0];

【例 7-5】 Quote2.java。

```
public class Quote2{
    public static void main(String arg[]) {
        int i, j;
        int length1[]=new int[2];
        int length2[]=new int[2];
        //静态初始化
        int array1[][]={{1, 2, 3, 4}, {5, 6, 7, 8}};
        int array2[][]={{20, 21, 22}, {23, 24, 25}};

        System.out.println("a1.length="+array1.length);
```

```java
for (i=0; i<2; i++) {
   length1[i]=array1[i].length;
   System.out.println("a1[].length="+length1[i]);
}

for (i=0; i<2; i++) {
   for (j=0; j<length1[i]; j++)
      System.out.print("  "+array1[i][j]);
   System.out.println("\n");
}
System.out.println("a2.length="+array2.length);

for (i=0; i<2; i++) {
   length2[i]=array2[i].length;
   System.out.println("a2[].length="+length2[i]);
}

for (i=0; i<2; i++) {
   for (j=0; j<length2[i]; j++)
      System.out.print("  "+array2[i][j]);
   System.out.println("\n");
}

array2=array1;
System.out.println("a1.length="+array1.length);

for (i=0; i<2; i++) {
   length1[i]=array1[i].length;
   System.out.println("a1[].length="+length1[i]);
}

for (i=0; i<2; i++) {
   for (j=0; j<length1[i]; j++)
      System.out.print("  "+array1[i][j]);
   System.out.println("\n");
}
System.out.println("a2.length="+array2.length);

for (i=0; i<2; i++) {
   length2[i]=array2[i].length;
   System.out.println("a2[].length="+length2[i]);
}

for (i=0; i<2; i++) {
```

```
            for (j=0; j<length2[i]; j++)
                System.out.print(" "+array2[i][j]);
            System.out.println("\n");
        }
        System.out.println("\n");
    }
}
```

运行结果：

a1.length=2
a1[].length=4
a1[].length=4
   1 2 3 4

   5 6 7 8

a2.length=2
a2[].length=3
a2[].length=3
   20 21 22

   23 24 25

a1.length=2
a1[].length=4
a1[].length=4
   1 2 3 4

   5 6 7 8

a2.length=2
a2[].length=4
a2[].length=4
   1 2 3 4

   5 6 7 8

7.3 数组的常用方法

7.3.1 Arrays.equals()

Arrays.equals()方法是比较两个数组是否相等的，其参数形式为

Arrays.equals(数组名1,数组名2);

Arrays.equals()方法使用简单，直接调用比较即可。如下实例：

```
String[] array1={"A","B","C"};
String[] array2={"a","b","c"};
System.out.println(Arrays.equals(array1, array2));
```

该实例调用了 Arrays.equals()方法来比较 array1 和 array2 是否相等,并输出结果为 false。

7.3.2 System. arraycopy()

System. arraycopy()方法是 Java 语言标准类库提供的 static 方法,主要用来复制数组元素的。该方法共有 5 个参数。

(1) 源数组。
(2) 偏移量,开始复制的位置。
(3) 目标数组。
(4) 偏移量。
(5) 从源数组中复制到目标数组元素的个数。

如下实例,将数组 array1 中的部分元素复制到数组 array2 中:

```
String[] array1={"H","e","l","l","o"};
    String[] array2=new String[3];
    System.arraycopy(array1, 0, array2, 0, array2.length-1);
    for(int i=0; i<array2.length; i++){
        System.out.print(array2[i]+" ");
```

通过 System. arraycopy()方法的参数可以看出,由于偏移量为 0,复制长度为 2,因此第三个元素输出结果应该为空,因此输出结果为

```
H e null
```

7.3.3 Arrays. fill()

Arrays. fill()方法用于填充数组。其参数的一般形式为

```
Arrays.fill(数组名,值)
```

如下实例,向数组 array1 中填充数值:

```
String[] array1=new String[5];
    Arrays.fill(array1, "Hello");
    for (int i=0; i<array1.length; i++) {
        System.out.print(array1[i]+" ");
    }
```

array1 数组中的填充结果将会是

```
Hello Hello Hello Hello Hello
```

7.3.4 Collections. reverseOrder()

Collections. reverseOrder()方法用来反转顺序,例如:

```
String[] array1={"a","b","c"};
Arrays.sort(array1,Collections.reverseOrder());
System.out.println(Arrays.asList(array1));
```

上实例结果将会返回结果：

[c, b, a]

7.3.5 Arrays.binarySearch()

Arrays.binarySearch()方法用来执行快速查找，例如：

```
import java.util.Arrays;

public class test {
public static void main(String[] args) {
        String[] a={"a", "b", "c", "d", "e"};
        Arrays.sort(a);
        System.out.println(Arrays.asList(a));
        int index1=Arrays.binarySearch(a, "c");
        System.out.println("当值存在的时候："+index1);
        int index2=Arrays.binarySearch(a, "f");
        index2=-index2-1;
        System.out.print("不存在的时候输出该值最可能存在的位置："+index2);
}
}
```

运行结果：

[a, b, c, d, e]
当值存在的时候：2
不存在的时候输出该值最可能存在的位置：5

☞**注意**：上述几种数组方法的使用较为频繁，但是在使用前都需要引入包，例如：

java.util.Arrays;

或

java.util.Collections;

7.4 数组综合实例

【例7-6】 Array.java。

```
public class Array {
    public static double deviation(double[] x) {
        double mean=mean(x);
        double squareSum=0;
```

```java
        for (int i=0; i<x.length; i++) {
            squareSum+=Math.pow(x[i]-mean, 2);
        }
        
        return Math.sqrt((squareSum)/(x.length-1));
    }
    
    public static double deviation(int[] x) {
        double mean=mean(x);
        double squareSum=0;
        
        for (int i=0; i<x.length; i++) {
            squareSum+=Math.pow(x[i]-mean, 2);
        }
        
        return Math.sqrt((squareSum)/(x.length-1));
    }
    
    public static double mean(double[] x) {
        double sum=0;
        
        for (int i=0; i<x.length; i++)
            sum+=x[i];
        
        return sum * 1.0/x.length;
    }
    
    public static double mean(int[] x) {
        int sum=0;
        
        for (int i=0; i<x.length; i++)
            sum+=x[i];
        
        return sum/x.length;
    }
    
    public static void printArray(double[] x) {
        for (int i=0; i<x.length; i++)
            System.out.println(x[i]+" ");
    }
    
    public static void main(String[] args) {
        //声明并初始化数组
        double[] numbers={1, 2, 3, 4, 5, 6, 7, 8, 9, 10};
```

```
        printArray(numbers);

        System.out.println("平均数为："+mean(numbers));
        System.out.println("标准差为："+deviation(numbers));
    }
}
```

运行结果：

1.0
2.0
3.0
4.0
5.0
6.0
7.0
8.0
9.0
10.0
平均数为：5.5
标准差为：3.0276503540974917

【例 7-7】 Array2.java。

```
import java.util.*;

public class test {
    public static void main(String[] args) {
        Scanner s=new Scanner(System.in);
        int[][] a=new int[3][3];
        System.out.println("请输入 9 个整数：");
        for (int i=0; i<3; i++) {
            for (int j=0; j<3; j++) {
                a[i][j]=s.nextInt();
            }
        }
        System.out.println("输入的 3*3 矩阵是：");
        for (int i=0; i<3; i++) {
            for (int j=0; j<3; j++) {
                System.out.print(a[i][j]+" ");
            }
            System.out.println();
        }
        int sum=0;
        for (int i=0; i<3; i++) {
            for (int j=0; j<3; j++) {
                if (i==j) {
```

```
                sum+=a[i][j];
            }
        }
    }
    System.out.println("对角线之和是："+sum);
    }
}
```

运行结果：

```
请输入 9 个整数：
1 2 3 4 5 6 7 8 9
输入的 3*3 矩阵是：
1 2 3
4 5 6
7 8 9
对角线之和是：15
```

7.5　字符串的表示

7.5.1　字符串常量

在 Java 语言中，字符串常量的表示十分简单，即双引号里面的所有内容，例如：

`"Hello World !"`

上述双引号里面的内容 Hello World！即字符串常量。前面学习数组的初始化时接触到过字符串类型的初始化，因此实际上已经知道可以直接使用字符串常量来初始化一个 String 对象，例如：

`String str="Hello World !";`

☞**注意**：上述代码运行时，编译器会自动创建一个新的字符串对象，并给对象赋予初始值，即字符串的内容，然后将这一对象的地址赋予字符串对象 str。

7.5.2　String 表示

用 String 来表示字符串是最常用的表示字符串的方法。用这种方法表示的时候会用到关键字 new 来创建字符串对象。其一般格式如下：

`String 字符串对象名=new String([参数]);`

例如：

`String str=new String();`

【例 7-8】　StrShow.java。

```
public class StrShow {
    public static void main(String args[]) {
```

```
        char str[]={'H', 'e', 'l', 'l', 'o',',', 'W', 'o', 'r', 'l', 'd'};

        String str1="Hello,World !";
        String str2=new String();
        String str3=new String(str);
        String str4=new String(str, 3, 4);

        System.out.println("str1 :"+str1);
        System.out.println("str2 :"+str2);
        System.out.println("str3 :"+str3);
        System.out.println("str4 :"+str4);
    }
}
```

运行结果：

str1 :Hello,World !
str2 :
str3 :Hello,World
str4 :lo,W

程序说明：

上述实例是几种简单的字符串表示方法，str 是数组字符的表示，str1 是字符串常量的表示，str2、str3、str4 都是使用了 String 来表示字符串，最后将结果输出。值得注意的一点是 str4 表示方法中 String 的参数，3 表示字符数组 str 的起始位置，4 表示所包含的字符数，在截取字符串的操作中会经常用到。

7.5.3 StringBuffer 表示

最后一种表示字符串的方法是使用 StringBuffer 类，它与 String 表示相似，也是使用 new 关键字。其一般格式有如下三种。

（1）String 字符串对象名＝new StringBuffer()。在没有参数的情况下，系统会自动为字符串分配缓冲区。

（2）String 字符串对象名＝new StringBuffer(int 缓冲区长度)。在参数为缓冲区的长度的情况下，系统为字符串分配相应长度的缓冲区。

（3）String 字符串对象名＝new StringBuffer(String 字符串的初始值)。在参数为字符串初始值的情况下，系统也会自动为字符串分配缓冲区，并且字符串的初始值为参数中的字符。

【例 7-9】 StringBufferTest.java。

```
public class StringBufferTest {
    public static void main(String args[]) {

        StringBuffer strTest=new StringBuffer();
```

```
            strTest.setLength(0);
            strTest.append("用 StringBuffer 表示字符串");
            System.out.println(strTest);

            String str="Hello World !";
            strTest.replace(0, 3, str);
            System.out.println(strTest);

            strTest.reverse();
            System.out.println(strTest);
      }
}
```

运行结果：

用 StringBuffer 表示字符串
Hello World !stringBuffer 表示字符串
串符字示表 reffuBgnir! dlroW olleH

程序说明：

该实例用 StringBuffer 表示字符串，并且使用了 setLength()指明长度、append()写入字符串、replace(0，3，str)替换字符串、reverse()字符串反转等 StringBuffer 类的方法，在后续章节中会详细解释。

7.6 字符串的常用方法

Java 语言中，String 类和 StringBuffer 类提供了一系列对字符串操作的方法，在这里将再一次体会到封装带来的高效和便捷。

7.6.1 String 类

1. replace()

replace()方法起到替换的作用，它有两种一般的用法。

(1) 第一种是用一个字符在调用字符串中所有出现某个字符的地方进行替换，其一般格式如下：

```
String replace(char newchar,char oldchar);
```

例如：

```
String str="Hello".replace('l' , 'w');
```

(2) 第二种是用一个字符序列替换另一个字符序列，其一般格式如下：

```
String replace(CharSequence original,CharSequence replacement);
```

2. charAt()

charAt()方法是查找字符串中某个位置的字符，索引范围从 0 开始，例如：

```
char c;
c="abc".charAt(1);
```

返回值将是'b'。

3. getChars()

getChars()方法可以获取多个字符,其一般格式如下:

void getChars(int 子串开始字符的下标,int 子串结束后的下一个字符的下标,char 接收字符的数组,int 开始复制子串的下标值)

例如:

```
String str="Hello World ! My Friend !";
char c[]=new char[20];
str.getChars(8,24,c,0);
```

输出的结果将会是 rld！My Friend 。

4. equals()

equals()方法比较字符串对象中的字符,例如:

```
String str1="Hello";
String str2=new String(str1);
str1.equals(str2);
```

注意:==运算符比较两个对象是否引用同一实例,因此"str1==str2;"不正确。

5. substring()

substring()截取字符串也有两种使用方法。

(1) String substring(int startIndex)。

(2) String substring(int startIndex,int endIndex)。

返回的字符串是从 startIndex 开始到 endIndex－1 的串。

例如:

```
String str="HelloWorld";
String str1=str.substring(5);
String str2=str.substring(0,5);
```

str1 和 str2 的内容将分别是 World 和 Hello。

6. indexOf()和 lastIndexOf()

indexOf()和 lastIndexOf()用来查找字符串。

indexOf():查找字符或者子串第一次出现的地方。

lastIndexOf():查找字符或者子串是后一次出现的地方。

例如:

```
String str="Hello World";
System.out.println(str.indexOf('o'));
System.out.println(str.lastIndexOf('o'));
```

返回的结果将会是 4 和 7。

7. toLowerCase()和 toUpperCase()

toLowerCase()和 toUpperCase()是大小写转换的方法。其中,toLowerCase()方法是将字符串中的所有字母转换成小写,而 toUpperCase()是将字符串中所有字母转换成大写字母,例如:

```
String str1="HELLO";
String str2="hello";
String a=str1.toLowerCase();
String b=str2.toUpperCase ();
```

a 和 b 的返回结果将是 hello 和 HELLO。

7.6.2 StringBuffer 类

1. append()

append()方法可把任何类型数据的字符串表示连接到调用的 StringBuffer 对象的末尾。例如:

```
StringBuffer strTest=new StringBuffer();
strTest.setLength(0);
strTest.append("用 StringBuffer 表示字符串");
System.out.println(strTest);
```

返回的结果将是:用 StringBuffer 表示字符串 。

2. reverse()

reverse()方法颠倒 StringBuffer 对象中的字符,例如:

```
StringBuffer strTest=new StringBuffer();
strTest.setLength(0);
strTest.append("用 StringBuffer 表示字符串");

String str="Hello World !";
strTest.reverse();
System.out.println(strTest);
```

返回的结果将是:串符字示表 reffuBgnirtS 用 。

3. delete()和 deleteCharAt()

delete()和 deleteCharAt() 方法为删除字符,例如:

```
StringBuffer str=new StringBuffer("hello");
String a=str.delete(0,3);
```

a 的内容将为 hel 。

4. replace()

replace()方法起到替换作用,例如:

```
StringBuffer strTest=new StringBuffer();
strTest.setLength(0);
```

```
strTest.append("用 StringBuffer 表示字符串");

String str="Hello World !";
strTest.replace(0, 3, str);
System.out.println(strTest);
```

返回结果将为 Hello World！ringBuffer 表示字符串。

5. insert()

insert()方法的作用是在指定位置插入字符串,例如:

```
StringBuffer str=new StringBuffer("hello");
String a=str.insert(1,'h');
```

返回值将为 hhello 。

7.6.3 综合实例

【例 7-10】 分别使用 split()方法、StringTokenizer 类、indexOf()方法三种方式,拆分字符串:

方法一:Split.java。

```
public class Split {
    public static void main(String[] args) {
        String str="Hello World";
        String[] array=new String[10];
        array=str.split(" ");
        for (String a : array) {
            System.out.println(a+" ");
        }
    }
}
```

运行结果:

```
Hello
World
```

方法二:StringTokenizer.java。

```
import java.util.StringTokenizer;

public class StringTokenizer {
    public static void main(String[] args) {
        String str=new String("Hello World ! I love java");
        StringTokenizer token=new StringTokenizer(str, " ,");
        String[] array=new String[10];
        int i=0;
        while (token.hasMoreTokens()) {
            array[i]=token.nextToken();
```

```
            i++;
        }
        for (int j=0; j<array.length; j++) {
            System.out.println(array[j]+" ");
        }
    }
}
```

运行结果：

```
Hello
World
!
I
love
java
null
null
null
null
```

方法三：Index.java。

```
public class Index {
    public static void main(String[] args) {
        String str="Hello World";
        String[] array=new String[10];
        String temp=str;

        for (int i=0; i<array.length; i++) {
            int index=temp.indexOf(" ");
            System.out.println("index="+index);
            if (index==-1) {
                array[i]=temp;

                break;
            }
            array[i]=temp.substring(0, index);
            temp=temp.substring(index+1);
            System.out.println("temp="+temp);
        }
        System.out.println("--------------------------");

        for (String a : array) {
            System.out.print(a+" ");
        }
        System.out.println();
```

```java
        System.out.println("--------------------------");
        
        for (int i=0; i<array.length; i++) {
            if (("").equals(array[i])||null==array[i]) {
                break;
            }
            System.out.print(array[i]+" ");
        }
    }
}
```

运行结果：

```
index=5
temp=World
index=-1
--------------------------
Hello World null null null null null null null null
--------------------------
Hello World
```

【例 7-11】 DateTest.java 日期的计算。

```java
import java.text.DateFormat;
import java.text.ParseException;
import java.text.SimpleDateFormat;

public class te DateTest st {
    
    public static void test1(String str) {
        DateFormat dateformat=new SimpleDateFormat("yyyy-MM-dd");
        try {
            java.util.Date date=dateformat.parse(str);
            System.out.println(date);
        } catch (ParseException e) {
            e.printStackTrace();
        }
    }
    
    public static void test2(String str) {
        java.sql.Date date=java.sql.Date.valueOf(str);
        System.out.println(date);
    }
    
    public static void main(String[] args) {
        test1("2013-1-1");
```

```
        test2("2013-2-1");
    }
}
```

运行结果：

```
Tue Jan 01 00:00:00 CST 2013
2013-02-01
```

7.7　正则表达式

正则表达式是记录文本规则的代码。在编写处理字符串的程序时，经常会有查找符合某些复杂规则的字符串的需要，正则表达式就是用于描述这些规则的工具。简言之，正则表达式就是用于进行文本匹配的工具，也是一个匹配的表达式。

正则表达式在字符数据处理中起着非常重要的作用，人们可以用正则表达式完成大部分的数据分析处理工作，例如，判断一个字符串是否是数字、是否是有效的 E-mail 地址，从海量的文字资料中提取有价值的数据等，如果不使用正则表达式，那么实现的程序可能会很长，并且容易出错。对这点作者深有体会，面对大量工具书电子资料的整理工作，如果不懂得应用正则表达式来处理，那么将是很痛苦的一件事情；反之，则将可以轻松地完成，获得事半功倍的效果。

7.7.1　正则表达式的符号及含义

正则表达式的符号如表 7-2 所示。

表 7-2　正则表达式的符号

符号	含义
\	将下一个字符标记为一个特殊字符、或一个原义字符、或一个向后引用、或一个八进制转义符
^	匹配输入字符串的开始位置。如果设置了 RegExp 对象的 Multiline 属性，^ 也匹配 "\n" 或 "\r" 之后的位置
$	匹配输入字符串的结束位置。如果设置了 RegExp 对象的 Multiline 属性，$ 也匹配 "\n" 或 "\r" 之前的位置
*	匹配前面的子表达式 0 次或多次
+	匹配前面的子表达式 1 次或多次
?	匹配前面的子表达式 0 次或 1 次
{n}	n 是一个非负整数，匹配确定的 n 次
{n,}	n 是一个非负整数，至少匹配 n 次
{n,m}	m 和 n 均为非负整数，其中 n<=m。最少匹配 n 次且最多匹配 m 次
.	匹配除 "\n" 之外的任何单个字符
(pattern)	匹配 pattern 并获取这一匹配
(?:pattern)	匹配 pattern 但不获取匹配结果，也就是说这是一个非获取匹配，不进行存储供以后使用

续表

(?=pattern)	正向预查,在任何匹配 pattern 的字符串开始处匹配查找字符串
(?! pattern)	负向预查,在任何不匹配 pattern 的字符串开始处匹配查找字符串
\b	匹配一个单词边界,也就是指单词和空格间的位置
\B	匹配非单词边界
\cx	匹配由 x 指明的控制字符
\d	匹配一个数字字符
\D	匹配一个非数字字符
\f	匹配一个换页符
\n	匹配一个换行符
\r	匹配一个回车符
\s	匹配任何空白字符,包括空格、制表符、换页符等
\S	匹配任何非空白字符
\t	匹配一个制表符
\v	匹配一个垂直制表符
\w	匹配包括下划线的任何单词字符
\W	匹配任何非单词字符
\xn	匹配 n,其中 n 为十六进制转义值
x|y	匹配 x 或 y
[xyz]	字符集合
[^xyz]	负值字符集合
[a-z]	字符范围
[^a-z]	负值字符范围

计算机程序设计语言中正则表达式的符号非常多,因此要想熟练地运用需要大量的实践。包括正则表达式的若干规则也需要耐心学习、吸收。

下面看几个典型的正则表达式实例。

非负整数:"^\d+$"。

非正整数:"^((-\d+)|(0+))$"。

负整数:"^-[0-9]*[1-9][0-9]*$"。

浮点数:"^(-?\d+)(\.\d+)?$"。

由英文字母组成的字符串:"^[A-Za-z]+$"。

由数字和英文字母组成的字符串:"^[A-Za-z0-9]+$"。

E-mail 地址:"^[\w-]+(\.[\w-]+)*@[\w-]+(\.[\w-]+)+$"。

7.7.2 匹配规则

1. 基本模式匹配

模式是正则表达式最基本的元素,它们是一组描述字符串特征的字符。模式可以很简单,由普通的字符串组成,也可以非常复杂,往往用特殊的字符表示一个范围内的字符、重复出现,或表示上下文。例如:

```
^hello
```

这个模式包含一个特殊的字符^,表示该模式只匹配那些以 hello 开头的字符串。例如,该模式与字符串"hello, my friend."匹配,与"my friend, hello."不匹配。

2. 字符簇

正则表达式通常用来验证用户的输入。当用户提交一个表单以后,要判断输入的电话号码、地址、E-mail 地址、信用卡号码等是否有效,用普通的基于字面的字符是不够的。所以要用一种更自由的描述我们要的模式的办法,它就是字符簇,例如:

匹配所有的小写字母:[a—z]。

匹配所有的大写字母:[A—Z]。

匹配所有的数字:[0—9]。

匹配所有的空白字符:[\f\r\t\n]。

除了双引号(")和单引号(')之外的所有字符:[^\"\']。

3. 确定重复出现

在一些情况下,我们需要匹配一个单词或一组数字。一个单词由若干个字母组成,一组数字由若干个单数组成。跟在字符或字符簇后面的大括号({})用来确定前面的内容的重复出现的次数。例如:

所有的小数:^\-{0,1}[0—9]{0,}\.{0,1}[0—9]{0,}$。

所有的整数:^\-{0,1}[0—9]{1,}$。

所有的正数:^[0—9]+$。

所有包含一个以上的字母、数字或下划线的字符串:^[a—zA—Z0—9_]+$。

7.7.3 综合实例

【例 7-12】 身份证验证——ID.java。

```java
import java.util.regex.Matcher;
import java.util.regex.Pattern;

public class ID {
    static void test() {
        Pattern p=null;
        Matcher m=null;
        boolean b=false;

        //正则表达式表示 15 位或者 18 位数字的一串数字
```

```
        p=Pattern.compile("\\d{15}|\\d{18}");
        m=p.matcher("120101198506020080");
        b=m.matches();
        System.out.println("身份证号码正确："+b);
        //
        p=Pattern.compile("\\d{15}|\\d{18}");
        m=p.matcher("020101198506020080");
        b=m.matches();
        System.out.println("身份证号码错误："+b);
    }

    public static void main(String argus[]) {
        test();
    }
}
```

运行结果：

身份证号码正确：true
身份证号码错误：true

7.8 小　　结

本章针对Java语言的基础内容数组、字符串以及正则表达式做了详细阐述,重点内容如下。

(1) 一维数组的声明、初始化和引用。
(2) 二维数组的声明、初始化和引用。
(3) 数组的常用方法。
(4) 字符串的若干常用方法。
(5) 正则表达式的符号。
(6) 在何时运用正则表达式。

7.9 课后习题

1. 给出下列代码,则数组初始化中(　　)是不正确的。

   ```
   byte[] array1,array2[];
   byte array3[][];
   byte [][] array4;
   ```

   A. array2＝array1　　　　　　B. array2＝array3
   C. array2＝array4　　　　　　D. array3＝array4

2. 下列程序的运行结果是(　　)。

```
public class Examac {
    public static void main(String args[]) {
        int i, s=0;
        int a[]={10, 20, 30, 40, 50, 60, 70, 80, 90};
        for (i=0; i<a.length; i++)
            if (i%3==0)
                s+=a[i];
        System.out.println("s="+s);
    }
}
```

3. 下列程序的运行结果是(　　　)。

```
public class Examad {
    public static void main(String args[]) {
        int i;
        int a[]={11, 22, 33, 44, 55, 66, 77, 88, 99};
        for (i=0; i<=a.length/2; i++)
            System.out.print(a[i]+a[a.length-i-1]+" ");
        System.out.println();
    }
}
```

4. 下列程序的运行结果是(　　　)。

```
class Examaf {
    public static void main(String args[]) {
        String s1=new String();
        String s2=new String("String 2");
        char chars[]={' ', ' ', 's', 't', 'r', 'i', 'n', 'g'};
        String s3=new String(chars);
        String s4=new String(chars, 2, 6);
        byte bytes[]={0, 1, 2, 3, 4, 5, 6, 7, 8, 9};
        StringBuffer sb=new StringBuffer(s3);
        String s5=new String(sb);

        System.out.println("The String No.1 is "+s1);
        System.out.println("The String No.2 is "+s2);
        System.out.println("The String No.3 is "+s3);
        System.out.println("The String No.4 is "+s4);
        System.out.println("The String No.5 is "+s5);
    }
}
```

5. String 类型与 StringBuffer 类型的区别是什么?

6. 有如下 4 个字符串 s1、s2、s3 和 s4:

```
String s1="Hello World! ";
```

```
String s2=new String("Hello World! ");
s3=s1;
s4=s2;
```

求下列表达式的结果是什么？

```
s1==s3
s3==s4
s1==s2
s1.equals(s2)
s1.compareTo(s2)
```

7. 下面程序输出的结果是什么？

```
public class Test {
    public static void main(String[] args) {
        String s1="I like cat";
        StringBuffer sb1=new StringBuffer("It is Java");
        String s2;
        StringBuffer sb2;
        s2=s1.replaceAll("cat", "dog");
        sb2=sb1.delete(2, 4);

        System.out.println("s1为："+s1);
        System.out.println("s2为："+s2);
        System.out.println("sb1为："+s1);
        System.out.println("sb2为："+s2);
    }
}
```

8. 设 s1 和 s2 为 String 类型的字符串，s3 和 s4 为 StringBuffer 类型的字符串，下列哪个语句或表达式不正确？

```
s1="Hello World! ";
s3="Hello World! ";
String s5=s1+s2;
StringBuffer s6=s3+s4;
String s5=s1-s2;
s1<=s2
char c=s1.charAt(s2.length());
s4.setCharAt(s4.length(),'y');
```

9. 请编写程序，实现两个矩阵相加。

10. 请编写程序，输入两个字符串，完成以下几个功能：

(1) 求出两个字符串的长度。

(2) 检验第一个串是否为第二个串的子串。

(3) 把第一个串转化为 byte 类型并输出。

11. 请编写程序,将一个给定的整型数组转置输出,
例如:原数组:

1 2 3 4 5 6

转置之后的数组:

6 5 4 3 2 1

12. 使用正则表达式编写一个程序,实现 E-mail 的验证。

第8章 异常处理

学习目的与要求

Java语言提供了一套完善的异常处理机制。正确地运用这套机制,有助于提高程序的质量。那么,本章重点阐述的就是Java语言的异常处理。在实际编写程序的过程中,往往会遇到各种异常的情况,它会改变正常的流程,导致严重后果。因此,为了减少损失,应该事先充分预计所有可能出现的异常并采取措施。

本章主要内容

(1) 明确Java异常处理的基本概念。
(2) 掌握Java异常处理机制。
(3) 知道Java异常类。
(4) 会使用异常处理。

8.1 异常处理概述

8.1.1 异常处理的概念

异常是指在某些情况下,会使当前正在执行的方法或代码块无法继续进行的问题。异常是程序中的一些错误,但并不是所有的错误都是异常,并且错误有时候是可以避免的。例如,代码中如果少了一个分号,那么运行出来结果是提示是错误java.lang.Error;而如果代码为System.out.println(8/0),用0做了除数,那么会抛出java.lang.ArithmeticException的异常。有些异常需要做处理,有些则不需要捕获处理。下面通过两个简单的实例来对比异常处理的好处。

【例8-1】 Exception.java。

```
public class Exception {
  public static void main(String[] args) {
    int denominator=0;
    if (denominator !=0) {
      int numerator=8/denominator;
    } else {
      System.out.println("除数为零");
    }
    System.out.println(numerator);
  }
}
```

运行结果：

```
Exception in thread "main" java.lang.Error: Unresolved compilation problem:
    numerator cannot be resolved to a variable

    at Exception.main(Exception.java:9)
```

程序说明：

在这个实例中，不考虑异常的作用，因此为了避免除数为零，最好的做法就是进行一次判断 if (denominator !＝0)，当除数不为零的时候才进入循环做除法，否则直接打印输出结果，这个时候被除数还没有声明，因此程序会出错，抛出 java.lang.Error 的异常。

【例 8-2】 Exception.java。

```java
public class Exception {
    public static void main(String[] args) {
        int denominator = 0;
        int numerator = 8 / denominator;
        System.out.println(numerator);
    }
}
```

运行结果：

```
Exception in thread "main" java.lang.ArithmeticException: / by zero
    at Exception.main(Exception.java:4)
```

程序说明：

这里不考虑除数是否为零的问题，直接进行运算。通过运行结果可以看到，系统抛出 java.lang.ArithmeticException 异常，与前面的有所不同。

8.1.2 使用异常处理的原因

异常处理是程序设计中一个非常重要的方面，也是程序设计的一大难点，在异常机制引入之前，利用 if-else 等方式处理异常。Java 语言在设计的当初就考虑到异常的问题，提出了异常处理的框架的方案，所有的异常都可以用一个类型来表示，不同类型的异常对应不同的子类异常。

程序执行时经常会出现用户输入出错、所需文件找不到、运行时磁盘空间不够、内存耗尽无法进行类的实例化、算术运算错、数组下标越界、JVM 崩溃等运行错误，影响程序的正常执行。错误及异常是不可避免的，一个好的应用程序，在满足用户要求的各种功能的同时，还应具备能预见程序执行过程中可能产生的各种异常的能力，并能为异常情况给予恰当处理。

Java 语言通过面向对象的异常处理机制来解决运行期间的错误，可以预防错误的程序代码或系统错误所造成的不可预期的结果发生。减少编程人员的工作，增加了程序的灵活性，增加程序的可读性和健壮性。

8.1.3 方法的调用堆栈

Java 虚拟机用方法调用堆栈来跟踪每个线程中一系列的方法调用过程。每个线程都有一个独立的方法调用堆栈,堆栈底部是程序的入口方法 main(),放一个新的方法被调用时,Java 虚拟机就会把描述该方法的堆栈结构置入栈顶,位于栈顶的方法是正在执行的方法。下面先看一个实例,然后针对该实例进行解释。

【例 8-3】 ExceptionExample.java

```java
public class ExceptionExample {
    String[] line={ "第一行", "第二行", "第三行" };

    public static void main(String[] args) {
        ExceptionExample test=new ExceptionExample();
        test.test1();
        System.out.println("运行结束.");
    }

    void test1() {
        test2();
    }

    void test2() {
        test3();
    }

    void test3() {
        for (int i=0;i<4;i++)
            System.out.println(line[i]);
    }
}
```

运行结果:

```
第一行
第二行
第三行
Exception in thread "main" java.lang.ArrayIndexOutOfBoundsException: 3
        at ExceptionExample.test3(ExceptionExample.java:20)
        at ExceptionExample.test2(ExceptionExample.java:15)
        at ExceptionExample.test1(ExceptionExample.java:11)
        at ExceptionExample.main(ExceptionExample.java:6)
```

程序说明:

Java 程序在执行的过程中,形成了一个先进后出的调用堆栈,各方法之间依照调用先后的不同,由先到后进入调用堆栈,堆栈的最上层即是当前被调用执行的方法。该方法执行完毕后,会将处理器控制权交还给调用它的方法,依此类推。方法的调用堆栈如图 8-1 所示。

当某一方法中的一个语句抛出一个异常时,如果该方法中没有处理该异常的语句,那么该方法就会中止执行,并将这个异常传递给堆栈中的下一层方法,直到某一方法中含有处理该异常的语句为止。如果该异常被传递至 main()方法,而 main()方法中仍然没有处理该异常的语句,则异常将会被抛至JVM,程序中断。方法调用堆栈中异常对象的传递如图8-2所示。

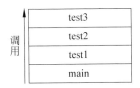 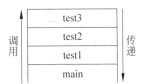

图 8-1　方法的调用堆栈　　　　图 8-2　方法调用堆栈中异常对象的传递

8.2　异常处理机制

Java对异常的处理主要涉及两个方面的内容:一是抛出(throw)异常,二是捕获(catch)异常。

如果程序在运行过程中出现了运行错误,并且产生的异常与系统中预定义某个异常类相对应,系统就自动产生一个该异常类的对象,这个过程称为抛出(throw)异常。当有异常对象抛出时,将在程序中寻找处理这个异常的代码,如果找到处理代码,则把异常对象交给该段代码进行处理,这个过程称为捕获(catch)异常。如果程序中没有给出处理异常的代码,则把异常交给Java运行系统默认的异常处理代码进行处理。

除了抛出异常和捕获异常之外,声明异常和自定义异常也是异常处理机制中的重要概念,在本节将会详细阐述。

8.2.1　捕获异常

我们经常会遇见这样的情景:程序中出现了异常但是没有相应的处理措施。这时候Java语言就会自动捕获并处理异常,一般来说表现为报告异常字符串,并且在异常发生出结束程序的运行。但是,为了更好地保证程序正常运行,需要人为地捕获并处理异常。

在Java语言中该机制使用的是try-catch-finally结构。捕获异常的第一步是用try{…}选定捕获异常的范围,由try所限定的代码块中的语句在执行过程中可能会生成异常对象并抛出;在catch块中是对异常对象进行处理的代码,与访问其他对象一样,可以访问一个异常对象的变量或调用它的方法。

try-catch-finally结构的一般格式如下:

```
try {

    可能抛出异常的语句

} catch ( Exception1 e ) {

    异常处理代码

} catch ( Exception2 e ) {
```

异常处理代码

} finally {

必须执行的代码

}

☞ 注意:

(1) try 代码段包含可能产生异常的代码,并且后跟有一个或多个 catch 代码段。
(2) 每个 catch 代码段捕获其能处理的一种特定类型的异常并提供处理的方法。
(3) 当异常发生时,程序会中止当前的流程,根据获取异常的类型去执行相应的 catch 代码段。
(4) finally 段的代码无论是否发生异常都必须执行。

如果在程序中有效地设计了 try-catch-finally 结构,会出现两种情况,能够捕获到异常和不能捕获到异常。如果没有捕获到异常时,程序会跳过 catch 直接到 finally(如图 8-3 没有捕获到异常时);如果捕获到某个异常,则进入相应的 catch 块内(如图 8-4 捕获到某个异常时)。

图 8-3 没有捕获到异常时

图 8-4 捕获到某个异常时

从图 8-3 和图 8-4 的两种情况可以看出捕获异常的过程:当 try 块中的某条代码抛出异常时,首先,自该语句的下一条语句起的所有 try 块中的剩余语句将被跳过不予执行;其次,程序执行 catch 子句进行异常捕获,异常捕获的目的是进行异常类型的匹配,并执行与所抛出的异常类型相对应的 catch 子句中的异常处理代码。

最后一步是通过 finally 语句为异常处理提供一个统一的出口,使得在控制流转到程序的其他部分以前,能够对程序的状态做统一的管理。不论在 try 代码块中是否发生了异常事件,finally 块中的语句都会被执行。

【例 8-4】 ExceptionTest.java。

```
public class ExceptionTest {

    public ExceptionTest() {
    }
```

```java
boolean testEx() throws Exception {
    boolean ret=true;
    try {
        ret=testEx1();
    } catch (Exception e) {
        System.out.println("testEx, catch exception");
        ret=false;
        throw e;
    } finally {
        System.out.println("testEx, finally;return value="+ret);
        return ret;
    }
}

boolean testEx1() throws Exception {
    boolean ret=true;
    try {
        ret=testEx2();
        if (!ret) {
            return false;
        }
        System.out.println("testEx1, at the end of try");
        return ret;
    } catch (Exception e) {
        System.out.println("testEx1, catch exception");
        ret=false;
        throw e;
    } finally {
        System.out.println("testEx1, finally;return value="+ret);
        return ret;
    }
}

boolean testEx2() throws Exception {
    boolean ret=true;
    try {
        int b=12;
        int c;
        for (int i=2;i>=-2;i--) {
            c=b / i;
            System.out.println("i="+i);
        }
        return true;
    } catch (Exception e) {
        System.out.println("testEx2, catch exception");
```

```java
            ret=false;
            throw e;
        } finally {
            System.out.println("testEx2,finally;return value="+ret);
            return ret;
        }
    }

    public static void main(String[] args) {
        ExceptionTest testException1=new ExceptionTest();
        try {
            testException1.testEx();
        } catch (Exception e) {
            e.printStackTrace();
        }
    }
}
```

运行结果：

i=2
i=1
testEx2,catch exception
testEx2,finally;return value=false
testEx1,finally;return value=false
testEx,finally;return value=false

程序说明：

在不看运行结果的前提下，很容易会推导出如下答案：

i=2
i=1
testEx2,catch exception
testEx2,finally;return value=false
testEx1,catch exception
testEx1,finally;return value=false
testEx,catch exception
testEx,finally;return value=false

该实例是一个典型的捕获异常程序，尽管明白了 try-catch-finally 结构，但是很容易出错，因此一定要明确异常捕获的过程以及需要注意的细节。

（1）如果 try 块中没有抛出任何异常，当 try 块中的代码执行结束后，finally 中的代码将会被执行。

（2）如果 try 块中抛出了一个异常且该异常被 catch 正常捕获，那么 try 块中自抛出异常的代码之后的所有代码将会被跳过，程序接着执行与抛出异常类型匹配的 catch 子句中的代码，最后执行 finally 子句中的代码。

(3) 如果 try 块中抛出了一个不能被任何 catch 子句捕获（匹配）的异常，try 块中剩下的代码将会被跳过，程序接着执行 finally 子句中的代码，未被捕获的异常对象继续抛出，沿调用堆栈顺序传递。

8.2.2 声明异常

try-catch-finally 是在产生异常的方法内部处理异常。除此之外，还可以通过调用产生异常的方法来处理这些异常。在方法的声明中使用 throws 语句，其一般格式如下：

```
<返回类型>方法名(参数) throws <异常类型列表>
{
    方法体；
}
```

例如：

```
public int Test () throws IOException
{
    ⋮
}
```

【例 8-5】 ThrowsException.java。

```java
public class ThrowsException {
    static void test(int a) throws ArithmeticException,
            ArrayIndexOutOfBoundsException {
        System.out.println("In Situation"+a);
        if (a==0) {
            System.out.println("no Exception caught");
            return;
        } else if (a==1) {
            int iArray[]=new int[4];
            iArray[10]=3;
        }
    }

    public static void main(String args[]) {
        //try-catch-finally 结构
        try {
            test(0);
            test(1);
        } catch (ArrayIndexOutOfBoundsException e) {
            System.out.println("Catch "+e);
        } finally {
            System.out.println("in Proc finally");
        }
    }
}
```

运行结果：

```
In Situation0
no Exception caught
In Situation1
Catch java.lang.ArrayIndexOutOfBoundsException: 10
in Proc finally
```

程序说明：

该实例是典型的 try-catch-finally 结构，通过程序运行结果可以看出，当测试数据分别为 0 和 1 的时候，catch 块内的结果分别打印出来，最后通过 finally 块打印输出"in Proc finally"结束程序。

8.2.3 抛出异常

日常生活中，例如，学校中有什么问题都会先去问老师，但是有一些问题（如转学）是不能由老师来解决的，这时候老师就需要再去问校长，由校长来解决这个问题。可能校长还有不能解决的问题，就需要去问教育部。抛出异常也是这样的，当一个程序段发生异常时，如果自己不能够进行异常处理，就可以将抛出异常给上一层。如果上一层也不能解决就可以一直向上抛出异常，直到抛出给 main 方法。如果仍然不能解决，就会中断程序，将异常显示出来。

在 Java 语言中，所有方法都是通过 throw 语句来抛出一个异常事件，抛出异常首先需要通过 throw 语句生成一个异常类的对象，其一般格式如下：

```
throw new 异常类名;
```

☞**注意**：异常类名必须是 Exception 或其直接或间接子类。利用 throw 语句，可以自定义异常，并显示自定义的异常信息。

下面一段程序是 throw 的一个简单实例：

```java
try {
    int i=8/0;
} catch (ArithmeticException i) {
    throw new Exception("Can not be divided by zero.");
    System.out.println("after throw");
}
```

在这个程序段中，"int i=8/0;"出现了异常（除数不能为零），因此开始执行 catch 块内的代码，紧接着抛出了异常，并且终止，因此，最后的"System.out.println("after throw");"代码不再执行。

【例 8-6】 ThrowException.java。

```java
class ThrowException {
    public static void main(String args[]) {
        try {
            throwTest();
```

```
        } catch (NullPointerException e) {
            System.out.println("Recaught:"+e);
        }
    }

    static void throwTest() {
        try {
            throw new NullPointerException("test");
        } catch (NullPointerException e) {
            System.out.println("Caught inside throwTest.");
            throw e;
        }
    }
}
```

运行结果：

```
Caught inside throwTest.
Recaught:java.lang.NullPointerException: test
```

程序说明：

该实例中，有两个地方可以处理相同的错误。首先，main()方法设计了一个异常关系，然后调用 throwTest()方法，throwTest()方法然后设计了另一个异常处理的关系并且立即引发一个新的 NullPointerException 实例，NullPointerException 在下一行被捕获，于是异常再次引发。

还需要注意的一点是，创建 Java 的标准异常对象：throw new NullPointerException("test");在这里，new 用来构造一个 NullPointerException 实例。

学习了声明异常和抛出异常，最后，我们需要对 throws 和 throw 语句进行简单的总结和区分：

(1) throws 代表一种状态，代表方法可能有异常抛出。
(2) throws 用在方法声明中，而 throw 用在方法实现中。
(3) throws 可以抛出多个异常，而 throw 只能用于抛出一种异常。
(4) throw 代表动作，表示抛出一个异常的动作。

8.2.4 自定义异常

尽管 Java 内建的异常处理机制提供了丰富的异常类型，能够满足程序员的大部分需求，但有时候也需要程序员在程序中自定义异常类，根据自己的意愿来处理异常。自定义异常的一般格式如下：

```
class 异常类名 extends Exception
{
    方法体；
}
```

【例 8-7】 Age.java。

```java
class AgeException extends Exception {
String message;

AgeException(String name,int m) {
    message="年龄"+m+"不正确";
}

public String toString() {
    return message;
}
}

class User {
private int age=1;
private String name;

User(String name) {
    this.name=name;
}

public void setAge(int age) throws AgeException {
    if (age >=50 || age<=18)
        throw new AgeException(name,age);
    else
        this.age=age;
}

public int getAge() {
    System.out.println("年龄输入正确");
    return age;
}
}

public class Age {
public static void main(String args[]) {
    User zh=new User("张三");
    User li=new User("李四");
    try {
        zh.setAge(8);
        System.out.println("张三的年龄是："+zh.getAge());
    } catch (AgeException e) {
        System.out.println(e.toString());
    }
    try {
```

```
            li.setAge(24);
            System.out.println("李四的年龄是: "+li.getAge());
        } catch (AgeException e) {
            System.out.println(e.toString());
        }
    }
}
```

运行结果：

年龄 8 不正确
年龄输入正确
李四的年龄是：24

程序说明：

该段代码判断自定义异常的关键在于第一行代码：class AgeException extends Exception。AgeException 类首先继承了 Exception 类，然后通过 try-catch 结构自定义异常。

8.3 异 常 类

8.3.1 Java 中异常类的结构

在 Java 语言中，异常有两种分类。java.lang.Throwable 类为所有对象的父类，可以使用异常处理机制将这些对象抛出并捕获。在 Throwable 类中定义方法来检索与异常相关的错误信息，并打印显示异常发生的栈跟踪信息。它有 Error 和 Exception 两个基本子类。

(1) 错误(Error)：JVM 系统内部错误、资源耗尽等严重情况。

(2) 异常(Exception)：其他因编程错误或偶然的外在因素导致的一般性问题。

Java 中异常类的结构如图 8-5 所示。

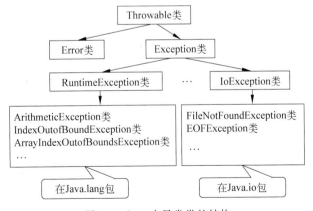

图 8-5　Java 中异常类的结构

通过图 8.5 可以看出，Exception 类有 RuntimeException 子类和其他子类。把 RuntimeException 类定义为运行时异常类，Exception 类的其他子类定义为受检查异常类。

而与 Exception 类在同一级的 Error 类被定义为错误类。Error 异常子类如表 8-1 所示。

表 8-1　Error 异常子类

异常类名	描述	异常类名	描述
LinkageError	动态链接失败	AWTError	AWT 错误
VirtualMachineError	虚拟机错误		

8.3.2　运行时异常

运行时异常(RuntimeException)是指因设计或实现方式不当导致的问题。也可以说是程序员的原因导致的问题,本来可以避免发生的情况。这种异常的特点是 Java 编译器不会检查它。由于没有处理它,因此,当出现这类异常时,异常对象一直被传递到 main()方法,程序将异常终止。如果采用了异常处理,异常将会被相应的程序执行处理。

表 8-1 给出了 Java 语言预定义的 Error 异常子类,运行时异常子类如表 8-2 所示。

表 8-2　运行时异常子类

异常类名	描述
ArithmeticException	算数错误
NullPointerException	非法使用空引用
ArrayIndexOutOfBoundsException	数组下标越界
ClassCastException	非法强制转换类型
NegativeArraySizeException	创建带负维数大小的数组的尝试
ArrayStoreException	数组元素赋值类型不兼容
IndexOutOfBoundException	某些类型索引越界
NumberFormatException	字符串到数字格式非法转换
SecurityException	试图违反安全性
StringIndexOutOfBounds	试图在字符串边界之外索引
UnsupportedOperationException	遇到不支持的操作
IllegalArgumentException	调用方法的参数非法
IllegalMonitorStateException	非法监控操作
IllegalStateException	环境或应用状态不正确
IllegalThreadStateException	请求操作与当前线程状态不兼容

【例 8-8】　RunException.java。

```
public class RunException {
    public static void main(String args[]) {
        try {
```

```java
            throw new Exception("It is an Exception");
        } catch (Exception e) {
            System.out.println("caught Exception");
            System.out.println(e.getMessage());
            System.out.println(e.toString());
            System.out.println("e.printStackTrace():");
            e.printStackTrace();
        }
    }
}
```

运行结果：

```
caught Exception
It is an Exception
java.lang.Exception: It is an Exception
java.lang.Exception: It is an Exception
e.printStackTrace():
        at RunException.main(RunException.java:4)
```

8.3.3 受检查异常

Exception 类中除了 RuntimeException 子类以外的类都是受检查异常类。受检查异常子类如表 8-3 所示。

表 8-3 受检查异常子类

异 常 类 名	描 述
ClassNotFoundException	找不到类
CloneNotSupportedException	试图复制一个不能实现的 Cloneable 接口对象
NoSuchMethodException	请求的字段不存在
NoSuchMethodException	请求的方法不存在
InterruptedException	一个线程被另一个线程中断
IllAccessException	对一个类的访问被拒绝
InstantiationException	试图创建一个抽象类或者抽象接口的对象

8.4 综合实例

【例 8-9】 ExceptionTest.java。

```java
class ExceptionCom extends Exception {

    private static final long serialVersionUID=1L;
```

```java
    ExceptionCom() {
        super("自定义异常");
    }
}

public class ExceptionTest {

    public void A1(int n) {
        System.out.println("A1 前面");
        A2(n);
        System.out.println("A1 后面");

    }

    public void A2(int n) {
        System.out.println("A2 前面");
        try {
            System.out.println("try 的前面");
            A3(n);
            //发生异常时不会输出
            System.out.println("try 的后面");
        } catch (ExceptionCom e) {
            System.err.println(e.getMessage());
        } finally {
            System.out.println("无论是否发生异常");
        }
        System.out.println("A2 后面");
    }

    public void A3(int n) throws ExceptionCom {
        System.out.println("A3 前面");
        A4(n);
        //发生异常时不会输出
        System.out.println("A3 后面");
    }

    public void A4(int n) throws ExceptionCom {
        System.out.println("A4 前面");
        if (n<0) {
            throw new ExceptionCom();
        }
        //发生异常时不会输出
        System.out.println(n);
```

```
            //发生异常时不会输出
            System.out.println("A4 后面");
    }

    public static void main(String[] args) {

        ExceptionTest exp=new ExceptionTest();
        exp.A1(-4);

    }
}
```

运行结果：

A1 前面
A2 前面
try 的前面
A3 前面
A4 前面
自定义异常
无论是否发生异常
A2 后面
A1 后面

8.5 小　　结

本章重点介绍了 Java 异常处理的相关内容。异常作为 Java 语言重要的辅助部分，需要掌握的内容如下。

(1) 异常。
(2) try-catch-finally 结构。
(3) throws 语句。
(4) throw 语句。
(5) 区分 throws 语句和 throw 语句。
(6) 异常类。

8.6 课后习题

1. 关于异常的定义，下列描述中最正确的一项是(　　　)。
   A. 程序编译错误
   B. 程序语法错误
   C. 程序自定义的异常事件
   D. 程序编译或运行中所发生的可预料或不可预料的异常事件，它会引起程序的中断，影响程序的正常运行

2. 对于 try 和 catch 子句的排列方式,下列描述正确的是(　　)。

　　A. 子类异常在前,父类异常其后

　　B. 父类异常在前,子类异常其后

　　C. 只能有子类异常

　　D. 父类异常和子类异常不能同时出现在同一个 try 程序段内

3. 下列描述中,正确的是(　　)。

　　A. 内存耗尽不需要进行异常处理

　　B. 除数为零需要进行异常处理

　　C. 异常处理通常比传统的控制结构流效率更高

　　D. 编译器要求必须设计实现优化的异常处理

4. 下列关于抛出异常的描述中,错误的一项是(　　)。

　　A. 任何从 Throwable 派生的类都可以用 throw 语句抛出

　　B. Exception 和 Error 是 Throwable 的直接派生类

　　C. 异常抛出点后的代码在抛出异常后不再执行

　　D. Exception 代表系统严重错误,一般程序不处理这类错误

5. 一个 catch 语句段一定总和下列(　　)相联系。

　　A. Try 语句段　　　B. finally 语句段　　　C. throw　　　D. throws

6. try 子句中包含_____的程序段。

7. catch_____的程序段。

8. finally 子句中包含_____的程序段。

9. throw 的作用是_____。

10. throws 的作用是_____。

11. Java 发生异常状况的程序代码放在_____语句块中,将要处理异常状况的处理主式放于_____语句块中,而_____语句块则是必定会执行的语句块。其中_____语句不可以有多个,以捕获各种不同类型的异常事件。

12. 任何没有被程序捕获的异常将最终被_____处理。

13. error 和 exception 有什么区别?

14. 下面的程序代码输出的结果是多少?

```
public class test {
    public static void main(String args[]) {
        test t=new test();
        int b=t.get();
        System.out.println(b);
    }

    public int get() {
        try {
            return 1;
        } finally {
            return 2;
```

                }
            }
        }

15. 下面的程序代码输出的结果是多少？

```
public class test {

    public static void main(String[] args) {
        System.out.println(new test().test1());
    }

    static int test1() {
        int x=1;
        try {
            return x;
        } finally {
            ++x;
        }
    }
}
```

16. 经典习题：有 5 个学生，每个学生有 3 门课的成绩，从键盘输入以上数据(包括学生号、姓名、3 门课成绩)，计算出平均成绩，把原有的数据和计算出的平均分数存放在磁盘文件 stud 中。

第 9 章 多 线 程

学习目的与要求

线程是程序中一个单一的顺序控制流程,在单个程序中同时运行多个线程完成不同的工作,称为多线程。多线程可以并行工作,可以提高程序运行的效率。从本章开始,将引入多线程的程序设计。

本章主要内容

(1) 理解多线程的概念。
(2) 理解线程的优先级。
(3) 知道如何实现多线程。
(4) 会应用多线程的同步。

9.1 理解多线程

9.1.1 线程与进程的概念

进程是指一个内存中运行的应用程序,每个进程都有自己独立的一块内存空间,一个进程中可以启动多个线程。比如在 Windows 系统中,一个运行的 exe 就是一个进程。Windows 进程状况如图 9-1 所示。

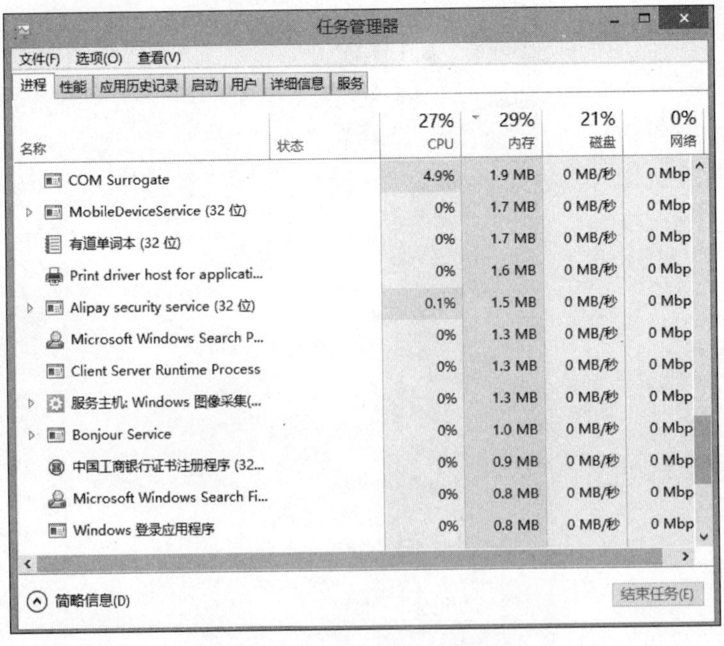

图 9-1 Windows 进程状况

线程是指进程中的一个执行流程,一个进程中可以运行多个线程。比如 java.exe 进程中可以运行很多线程。线程总是属于某个进程,进程中的多个线程共享进程的内存。进程与线程的关系如图 9-2 所示。

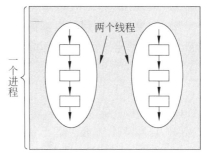

线程又称为轻量级进程,它和进程一样拥有独立的执行控制,由操作系统负责调度,它们的区别在于线程没有独立的存储空间,而是和所属进程中的其他线程共享一个存储空间,这使得线程间的通信远较进程简单。

图 9-2 进程与线程的关系

9.1.2 多线程的基本概念

多线程是这样一种机制,它允许在程序中并发执行多个指令流,每个指令流都称为一个线程,彼此间互相独立。

多个线程的执行是并发的,也就是在逻辑上"同时",而不管是否是物理上的"同时"。如果系统只有一个 CPU,那么真正的"同时"是不可能的,但是由于 CPU 的速度非常快,用户感觉不到其中的区别,因此,我们也不用关心它,只需要设想各个线程是同时执行即可。

多线程和传统的单线程在程序设计上最大的区别在于,由于各个线程的控制流彼此独立,使得各个线程之间的代码是乱序执行的。

9.1.3 线程的状态

一个线程对象从创建、启动、运行、终止,直到线程对象被 Java 虚拟机所释放,其生命周期会处于各种不同的状态,线程的状态转换如图 9-3 所示。

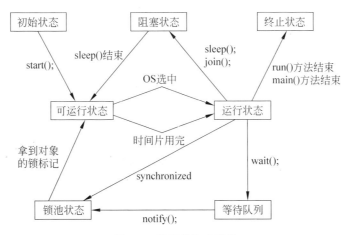

图 9-3 线程的状态转换

线程的实现有两种方式:一种是继承 Thread 类,另一种是实现 Runnable 接口(参考 9.3 节)。使用任意一种实现方式创建了对象后,线程就进入了初始状态。当该对象调用了 start()方法,就进入可运行状态。进入可运行状态后,当该对象被操作系统选中,获得 CPU 时间片就会进入运行状态。

进入运行状态后可能会出现多种情况。

（1）如果 run()方法或 main()方法结束，则线程进入终止状态。

（2）如果线程调用了自身的 sleep()方法或其他线程的 join()方法，就会进入阻塞状态。当 sleep()方法结束或 join()方法结束后，该线程进入可运行状态，继续等待操作系统分配时间片。

（3）如果线程调用了 yield()方法，回到可运行状态，这时与其他进程处于同等竞争状态，操作系统有可能会接着又让这个进程进入运行状态。

（4）当线程刚进入可运行状态时，发现将要调用的资源被同步，获取不到锁标记，将会立即进入锁池状态，等待获取锁标记。一旦线程获得锁标记后，就转入可运行状态，等待操作系统分配 CPU 时间片。

（5）如果线程调用 wait()方法，会进入等待队列，进入这个状态后，是不能自动唤醒的，必须依靠其他线程调用 notify()或 notifyAll()方法才能被唤醒，线程被唤醒后会进入锁池，等待获取锁标记。

【**例 9-1**】 线程状态判断（Judge.java）。

```java
import java.util.Date;

public class Judge extends Thread {
    int sleepTime;
    String name;
    int counter;

    public test(int x,String n) {
        sleepTime=x;
        name=n;
        counter=0;
    }

    public void run() {
        while (counter<3) {
            try {
                counter++;
                System.out.println(name+":"
                    +new Date(System.currentTimeMillis()));
                Thread.sleep(sleepTime);
            } catch (InterruptedException e) {
                System.out.println(e);
            }
        }
    }

    public static void main(String args[]) {
        Judge test1=new Judge (1000,"test1");
```

```java
        test1.start();
        Judge test2=new Judge (2000,"test2");
        test2.start();

        System.out.println(test1.isAlive() ? "运行中" : "已经终止");
        System.out.println(test2.isAlive() ? "运行中" : "已经终止");

        try {
            Thread.sleep(10000);
        } catch (InterruptedException e) {
            System.out.println(e);
        }

        System.out.println(test1.isAlive() ? "运行中" : "已经终止");
        System.out.println(test2.isAlive() ? "运行中" : "已经终止");
    }
}
```

运行结果：

运行中
运行中
test1:Thu Jan 10 14:16:15 CST 2013
test2:Thu Jan 10 14:16:15 CST 2013
test1:Thu Jan 10 14:16:16 CST 2013
test1:Thu Jan 10 14:16:17 CST 2013
test2:Thu Jan 10 14:16:17 CST 2013
test2:Thu Jan 10 14:16:19 CST 2013
已经终止
已经终止

程序说明：

该实例采用了 isAlive()方法来判断线程是在运行中还是已经终止。程序中在两个线程对象启动后，通过"System.out.println(test1.isAlive()? "运行中"："已经终止")；"对现成的状态进行判断，并且引入了 Thread 类的 isAlive()方法。然后主线程休眠 10000ms 后，再判断两个线程对象的状态。

9.2 线程优先级

Java 给每个线程安排优先级以决定与其他线程比较时该如何对待该线程。线程优先级是详细说明线程间优先关系的整数。作为绝对值，优先级是毫无意义的；当只有一个线程时，优先级高的线程并不比优先权低的线程运行得快。相反，线程的优先级是用来决定何时从一个运行的线程切换到另一个，叫做上下文转换（context switch）。决定上下文转换发生的规则很简单。

（1）线程可以自动放弃控制。在 I/O 未决定的情况下，睡眠或阻塞由明确的让步来完成。在这种假定下，所有其他的线程被检测，准备运行的最高优先级线程被授予 CPU。

（2）线程可以被高优先级的线程抢占。在这种情况下，虽然低优先级线程不主动放弃，但是无论处理器正在干什么，它都会被高优先级的线程占据。基本上，一旦高优先级线程要运行，它就执行，这叫做有优先权的多任务处理。

【例 9-2】 Priority.java。

```java
public class Priority {
    public static void main(String[] args) {
        Thread test1=new MyThread1();
        Thread test2=new Thread(new MyRunnable());
        test1.setPriority(10);
        test2.setPriority(1);
        test2.start();
        test1.start();
    }
}

class MyThread1 extends Thread {
    public void run() {
        for (int i=0;i<10;i++) {
            System.out.println("线程 1 第"+i+"次执行");
            try {
                Thread.sleep(1000);
            } catch (InterruptedException e) {
                e.printStackTrace();
            }
        }
    }
}

class MyRunnable implements Runnable {
    public void run() {
        for (int i=0;i<10;i++) {
            System.out.println("线程 2 第"+i+"次执行");
            try {
                Thread.sleep(1000);
            } catch (InterruptedException e) {
                e.printStackTrace();
            }
        }
    }
}
```

运行结果:

线程 2 第 0 次执行
线程 1 第 0 次执行
线程 2 第 1 次执行
线程 1 第 1 次执行
线程 1 第 2 次执行
线程 2 第 2 次执行
线程 2 第 3 次执行
线程 1 第 3 次执行
线程 1 第 4 次执行
线程 2 第 4 次执行
线程 2 第 5 次执行
线程 1 第 5 次执行
线程 1 第 6 次执行
线程 2 第 6 次执行
线程 1 第 7 次执行
线程 2 第 7 次执行
线程 1 第 8 次执行
线程 2 第 8 次执行
线程 1 第 9 次执行
线程 2 第 9 次执行

程序说明:

该实例中创建了两个线程 test1 和 test2,并且分别为其设置了优先级为 10 和 1(数字越大表明任务越紧急,优先级也就越高),同时执行两个线程的时候,通过运行结果可以看出优先级高的要比优先级低的先执行。

9.3 多线程的实现

为了创建一个新的线程,我们需要做什么呢?

显然,必须指明这个线程所要执行的代码,而这就是在 Java 中实现多线程所需要做的。Java 语言提供了两种线程的实现方式。

(1) 继承 Thread 类。

(2) 实现 Runnable 接口。

9.3.1 继承 Thread 类

java.lang 中定义了一个直接从根类 Object 中派生的 Thread 类,所有以这个类派生的子类或间接子类均为线程。在这种方式中,需要作为一个线程执行的类只能继承、扩充单一的父类。

Tread 类有两种构造方法。

(1) public Thread():用来创建一个线程对象。

(2) public Thread(Runnable r):创建线程对象,参数 r 成为被创建的目标对象。这个目标必须实现 Runnable 接口,给出该接口的 run()方法的方法体,在方法体中实现操作。

通过继承 Thread 类实现多线程的基本步骤如下。

(1) 定义 Thread 类的一个子类。

(2) 定义子类中的方法 run(),覆盖父类中的方法 run()。

(3) 创建该子类的一个线程对象。

(4) 通过 start()方法启动线程对象。

【例 9-3】 InheritThread.java。

```java
public class InheritThread extends Thread {
    int count=1,number;

    public InheritThread (int num) {
        number=num;
        System.out.println("创建线程 "+number);
    }

    public void run() {
        while (true) {
            System.out.println("线程 "+number+":计数 "+count);
            if (++count==6)
                return;
        }
    }

    public static void main(String args[]) {
        for (int i=0;i<5;i++)
            new InheritThread (i+1).start();
    }
}
```

运行结果:

创建线程 1

创建线程 2

创建线程 3

创建线程 4

线程 2:计数 1

创建线程 5

线程 2:计数 2

线程 2:计数 3

线程 2:计数 4

线程 2:计数 5

线程 3:计数 1

线程 3:计数 2

线程 4:计数 1

线程 5:计数 1
线程 5:计数 2
线程 5:计数 3
线程 5:计数 4
线程 1:计数 1
线程 1:计数 2
线程 5:计数 5
线程 4:计数 2
线程 4:计数 3
线程 4:计数 4
线程 4:计数 5
线程 3:计数 3
线程 3:计数 4
线程 3:计数 5
线程 1:计数 3
线程 1:计数 4
线程 1:计数 5

程序说明:

上述实例使用的继承 Thread 类的方法有一个缺点:如果我们的类已经从一个类继承,则无法再继承 Thread 类。这时,就应该考虑使用实现 Runnable 接口的方法。

9.3.2 实现 Runnable 接口

实现 Runnable 接口是最常用的实现线程的方法,它打破了扩充 Thread 类方式的限制。如果有一个类,它已继承了某个类,又想实现多线程,那就可以通过实现 Runnable 接口。其基本步骤如下。

(1) 定义一个实现 Runnable 接口的类。
(2) 定义 run()方法。
(3) 创建该类的一个线程对象,并将该对象做参数,传递给 Thread 类的构造函数,从而生成 Thread 类的一个对象。
(4) 通过 start()方法启动线程。

【例 9-4】 ImpRunnable.java。

```java
public class ImpRunnable implements Runnable {
    int count=1,number;

    public ImpRunnable (int num) {
        number=num;
        System.out.println("创建线程 "+number);
    }

    public void run() {
        while (true) {
            System.out.println("线程 "+number+":计数 "+count);
```

```
            if (++count==6)
                return;
        }
    }

    public static void main(String args[]) {
        for (int i=0;i<5;i++)
            new Thread(new ImpRunnable (i+1)).start();
    }
}
```

运行结果：

创建线程 1
创建线程 2
创建线程 3
创建线程 4
线程 1:计数 1
线程 1:计数 2
创建线程 5
线程 3:计数 1
线程 3:计数 2
线程 3:计数 3
线程 3:计数 4
线程 1:计数 3
线程 3:计数 5
线程 1:计数 4
线程 1:计数 5
线程 4:计数 1
线程 4:计数 2
线程 4:计数 3
线程 5:计数 1
线程 4:计数 4
线程 5:计数 2
线程 5:计数 3
线程 5:计数 4
线程 5:计数 5
线程 4:计数 5
线程 2:计数 1
线程 2:计数 2
线程 2:计数 3
线程 2:计数 4
线程 2:计数 5

程序说明：

使用 Runnable 接口来实现多线程使得我们能够在一个类中包容所有的代码,有利于封装,它的缺点在于只能使用一套代码,若想创建多个线程并使各个线程执行不同的代码,则仍必须额外创建类。

9.4 多线程的同步

当两个或两个以上的线程需要共享资源时,它们需要某种方法来确定资源在某一刻仅被一个线程占用。达到此目的的过程叫做同步(synchronization)。

同步的关键是管程(也叫信号量 semaphore)的概念。管程是一个互斥独占锁定的对象,或称互斥体(mutex)。在给定的时间,仅有一个线程可以获得管程。当一个线程需要锁定,它必须进入管程,所有其他的试图进入已经锁定的管程的线程必须挂起直到第一个线程退出管程,这些其他的线程被称为等待管程。一个拥有管程的线程如果愿意的话可以再次进入相同的管程。

Java 语言中同步很简单,因为所有对象都有它们与之对应的隐式管程。进入某一对象的管程,就是调用被 synchronized 关键字修饰的方法。当一个线程在一个同步方法内部,所有试图调用该方法的同实例的其他线程必须等待。为了退出管程,并放弃对对象的控制权给其他等待的线程,拥有管程的线程仅需从同步方法中返回。

生产者与消费者问题是学习线程同步最好的经典实例,下面是生产者与消费者问题的一个典型实例。

【例 9-5】 生产者与消费者问题(Synch.java)。

```java
class Producer implements Runnable {

    private String producerName=null;

    private StoreHouse storeHouse=null;

    public Producer(String producerName,StoreHouse storeHouse) {
        this.producerName=producerName;
        this.storeHouse=storeHouse;
    }

    public void setProducerName(String producerName) {
        this.producerName=producerName;
    }

    public String getProducerName() {
        return producerName;
    }

    public void produceProduct() {
        int i=0;
        while (true) {
            i++;
```

```java
            Product pro=new Product(i);
            storeHouse.push(pro);
            System.out.println(getProducerName()+" 生产了 "+pro);
            try {
                Thread.sleep(2000);
            } catch (InterruptedException e) {
                return;
            }
        }
    }

    public void run() {
        produceProduct();
    }
}

class Consumer implements Runnable {

    private String consumerName=null;

    private StoreHouse storeHouse=null;

    public Consumer(String consumerName,StoreHouse storeHouse) {
        this.consumerName=consumerName;
        this.storeHouse=storeHouse;
    }

    public void setConsumerName(String consumerName) {
        this.consumerName=consumerName;
    }

    public String getConsumerName() {
        return consumerName;
    }

    public void consumerProduct() {
        while (true) {
            System.out.println(getConsumerName()+" 消费了 "+storeHouse.pop());
            try {
                Thread.sleep(5000);
            } catch (InterruptedException e) {
                return;
            }
        }
```

```java
    }

    public void run() {
        consumerProduct();
    }

}

class Product {

    private int productId=0;

    public Product(int productId) {
        this.productId=productId;
    }

    public int getProductId() {
        return productId;
    }

    public String toString() {
        return Integer.toString(productId);
    }
}

class StoreHouse {

    private int base=0;

    private int top=0;

    private Product[] products=new Product[10];

    public synchronized void push(Product product) {
        while (top==products.length) {
            notify();
            try {
                System.out.println("仓库已满,正等待消费…");
                wait();
            } catch (InterruptedException e) {
                System.out.println("stop push product because other reasons");

            }
        }
        products[top]=product;
```

```java
            top++;
        }

        public synchronized Product pop() {
            Product pro=null;
            while (top==base) {
                notify();
                try {
                    System.out.println("仓库已空,正等待生产…");
                    wait();
                } catch (InterruptedException e) {
                    System.out.println("stop push product because other reasons");

                }
            }
            top--;
            pro=products[top];
            products[top]=null;
            return pro;
        }
    }

    public class Synch {
        public static void main(String[] args) {
            StoreHouse storeHouse=new StoreHouse();
            Producer producer=new Producer("生产者",storeHouse);
            Consumer comsumer=new Consumer("消费者",storeHouse);
            Thread t1=new Thread(producer);
            Thread t2=new Thread(comsumer);
            t1.start();
            t2.start();
        }
    }
```

运行结果（部分）：

```
消费者 消费了 1      消费者 消费了 15     消费者 消费了 6
生产者 生产了 1      生产者 生产了 16     消费者 消费了 2
生产者 生产了 2      生产者 生产了 17     消费者 消费了 2
生产者 生产了 3      仓库已满,正等待消费…  仓库已空,正等待生产…
消费者 消费了 3      消费者 消费了 17     生产者 生产了 18
生产者 生产了 4      消费者 消费了 16     生产者 生产了 19
生产者 生产了 5      消费者 消费了 14     生产者 生产了 20
消费者 消费了 5      消费者 消费了 12     生产者 生产了 21
```

程序说明：

生产者和消费者问题是多线程同步的经典实例。需要注意的是死锁问题：如果生产的速度大于消费的速度就会导致供大于求,仓库很容易就满了,然而生产者又一直关着仓库不开放,没有机会给消费者使用,消费者不消费生产者就无法生产,所以就造成了死锁。解决的方法是在两个同步互斥方法中使用 wait()和 notify()方法。

  wait()是 Object 类的方法,它的作用是拥有互斥锁的线程放弃锁的使用权,进入 wait 池进行等待,那么互斥锁就有可能被其他线程获得以执行其他任务。Notify()也是 Object 类的方法,它的作用是从 wait 池中唤醒一条正在等待的线程进入就绪状态,被唤醒的这条线程就很可能重新获得 CUP 和互斥锁来完成它的任务。

9.5 综 合 实 例

【例 9-6】 使用多线程实现 Java 程序:在屏幕上显示时间,每隔一秒钟刷新一次。其名称为 Time.java。

```
import java.awt.*;
import java.applet.*;
import java.util.Date;

public class Time extends Applet implements Runnable {
    Thread clockThread;
    Font font;

    public void init() {
        font=new Font("TimesRoman",Font.BOLD,64);
    }

    public void start() {
        if (clockThread==null) {
            clockThread=new Thread(this,"Show time");
            clockThread.start();
        }
    }

    public void run() {
        while (clockThread !=null) {
            repaint();
            try {
                clockThread.sleep(1000);
            } catch (InterruptedException e) {
            }
        }
    }

    public void paint(Graphics g) {
        Date now=new Date();
        g.setFont(font);
        g.setColor(Color.BLACK);
```

```
        g.drawString(
            now.getHours()+":"+now.getMinutes()+":"
                +now.getSeconds(),5,50);
    }

    public void stop() {
        clockThread.stop();
    }
}
```

运行结果：

9.6 小　　结

本章学习了 Java 语言中多线程的相关内容，灵活地使用多线程可以提高代码的质量。本章需要理解和应用的内容如下。

(1) 进程、线程、多线程的概念。

(2) 线程的状态转换。

(3) 判断线程的状态。

(4) 创建并使用多线程。

(5) 线程的同步。

9.7 课后习题

1. 下列说法中错误的一项是(　　)。

　　A. 线程就是程序

　　B. 线程是一个程序的单个执行流

　　C. 多线程是指一个程序的多个执行流

　　D. 多线程用于实现并发

2. 下列(　　)操作不能使线程从等待阻塞状态进入对象阻塞状态。

　　A. 等待阻塞状态下的线程被 notify()唤醒

　　B. 等待阻塞状态下的线程被 interrput()中断

　　C. 等待时间到

　　D. 等待阻塞状态下的线程调用 wait()方法

3. 下列(　　)方法可以使线程从运行状态进入其他阻塞状态。

　　A. sleep　　　　B. wait　　　　C. yield　　　　D. start

4. 下列说法中错误的一项是(　　)。
   A. 一个线程是一个 Thread 类的实例
   B. 线程从传递给 Runnable 实例的 run()方法开始执行
   C. 线程操作的数据来自 Runnable 实例
   D. 新建的线程调用 start()方法就能立即进入运行状态

5. 下列关于 Thread 类提供的线程控制方法的说法中,错误的一项是(　　)。
   A. 在线程 A 中执行线程 B 的 join()方法,则线程 A 等待直到 B 执行完成
   B. 线程 A 通过调用 interrupt()方法来中断其阻塞状态
   C. 若线程 A 调用方法 isAlive()返回值为 true,则说明 A 正在执行中
   D. currentThread()方法返回当前线程的引用

6. 在 Java 程序中,run()方法的实现有两种方式：_____和_____。

7. 处于新建状态的线程可以使用的控制方法是_____和_____。

8. sleep()和 wait()有什么区别?

9. 同步和异步有何异同,在什么情况下分别使用它们? 举例说明。

10. 启动一个线程是用 run()还是用 start()?

11. 请根据题意编写程序：有 4 个变量,要用 4 个线程把它们同 int 类型的两个变量加 1,并输出结果;另外两个减 1,并输出结果。

第 10 章　图形用户界面设计

学习目的与要求

图形用户界面是 Java 语言程序设计中必不可少的一部分。它的目标是让程序员构建一个通用的用户界面，使其能够正常显示。我们将重点学习基础类 AWT（抽象窗口工具）和 Swing，它们能够构建近乎完美的图形用户界面。

本章主要内容

(1) AWT 和 Swing。
(2) JFrame 和 JPanel。
(3) 布局管理器。
(4) Swing 组件。
(5) 事件处理。
(6) 图形处理。

10.1　AWT 和 Swing 简介

图形用户界面（Graphical User Interface，GUI）使用图形方式借助菜单、按钮等标准界面元素和键盘、鼠标操作，实现人机交互。AWT 组件的继承关系图如图 10-1 所示。

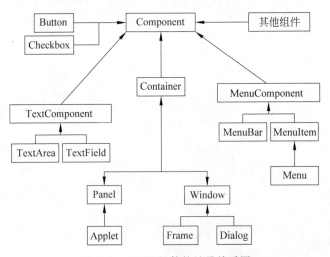

图 10-1　AWT 组件的继承关系图

Swing 是为了解决 AWT 存在的问题而新开发的包。Swing 的构建是基于 AWT 之上的一套全新图形界面系统（见图 10-2），它提供了 AWT 所能够提供的所有功能，并且用纯粹的 Java 代码对 AWT 的功能进行了大幅度的扩充和改进。由于在 Swing 中没有使用本地方法来实现图形功能，所以通常把 Swing 组件称为轻量级组件。

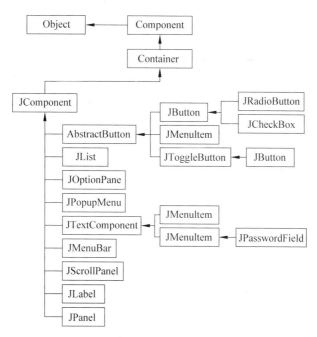

图 10-2　Swing 类的继承关系图

Java 语言的图形用户界面设计一般使用 AWT 和 Swing 组件来实现。其程序设计的基本步骤大致分为 5 个部分，每个部分在本章中对应一个小节，在后面会有详细阐述。

（1）引入常用的包。例如：java.awt.＊，javax.swing.event.＊，javax.swing.＊ 等。

（2）设置顶层容器（见 10.2 节）。一般会选择 JFrame(Frame) 作为顶层容器。

（3）设置布局管理器（见 10.3 节）。常用的布局管理器有 FlowLayout、BorderLayout、CardLayout、GridLayout、GirdBagLayout、BoxLayout 等。

（4）利用 add() 方法向容器中添加组件（见 10.4 节）。

（5）对组件进行必要的事件处理（见 10.5 节）。

10.2　Swing 容 器

容器（Container）也是一个类，实际上是 Component 的子类，因此容器本身也是一个组件，具有组件的所有性质，但是它的主要功能是容纳其他组件和容器。容器不仅可以简化图形化界面的设计，以整体结构来布置界面。而且，所有的容器都可以通过 add() 方法向容器中添加组件。

JFrame 和 JPanel 都属于 swing 包下的类，它们都是容器组件。Swing 对 AWT 进行了扩展，增加了 awt 包下组件的功能，为了与原来组件进行区别，在 swing 包下的所有组件名称都在原来名字的前面加了一个 J。因此，在 Java 的图形用户界面中，以 J 为首字母的组件都归属于 swing 包。在 awt 包下有 Frame 和 Panel 组件，JFrame 和 JPanel 就是对它们进行扩展得到的。

10.2.1 JFrame 顶层容器

JFrame 是 Java 图形用户界面中最顶层的容器之一。窗口是最基本的用户界面元素。框架窗口是一种窗体,其中带有边框、标题栏及用于关闭和最大/最小化窗口的图标等。在 GUI 的应用程序中,JFrame 在图形用户界面中的表现形式就是窗口。

JFrame 构造方法主要有如下两种方式。

(1) JFrame ObjectName=new JFrame();

例如:

JFrame Test=new JFrame();

(2) JFrame ObjectName=new JFrame(String title);

例如:

JFrame Test=new JFrame("JFrame 测试");

注意:两种构造方式的区别在于第二种可以实现窗口标题栏部分显示提示性的文字——标题。而用第一种方式创建的窗口,其标题栏部分内容为空。

使用 JFrame 类创建窗口还需要使用其包含的若干常用方法,例如:pack()和 setSize(w,h)用于控制窗口的大小;setBounds(x,y,w,h)方法用于改变初始显示的位置;setTitle(String title)方法用于设置窗口的标题;setForeground(Color color)方法用于设置窗口前景颜色;setBackground(Color color)方法用于设置窗口背景颜色;show()方法用于显示窗口。

【例 10-1】 JFrameTest.java。

```
import java.awt.Dimension;
import java.awt.Point;
import javax.swing.JFrame;

public class JFrameTest {

    public static void main(String[] args) {
        JFrame f=new JFrame();
        f.setTitle("JFrame");

        //实例化 Dimension 对象
        Dimension dim=new Dimension(350,250);
        f.setSize(dim);

        //实例化 Point 对象
        Point p=new Point(300,200);
        f.setLocation(p);

        f.setVisible(true);
    }
}
```

运行结果：

运行结果如图10-3所示。

程序说明：

该实例通过使用JFrame创建了第一个窗口。该实例使用了第一种构造方法，即标题栏为空的构造方法，然后使用了JFrame的setTitle方法创建标题。最后使用setSize()方法设置窗口的大小，使用setLocation()方法设置窗口显示的位置。

10.2.2 JPanel面板容器

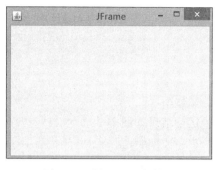

图10-3 例10-1运行结果

Java语言中的JPanel组件属于容器组件，JPanel与JFrame相同，也是一种用途广泛的容器。与JFrame不同的是，面板不能独立存在，必须被添加到其他容器内部。但是，面板可以嵌套，可以在面板内放置按钮、文本框等各种非容器组件，由此可以设计出复杂的图形用户界面。

JPanel的构造方法如下：

```
JPanel ObjectName=new JPanel();
```

例如：

```
JPanel Test=new JPanel();
```

使用JPanel类创建面板同样需要使用其包含的若干常用方法，例如，setSize()方法用于设置面板的大小，setBackground()方法用于设置面板背景，JPanel(LayoutManager layout)方法用于创建一个指定布局的JPanel。

【例10-2】 JPanelTest.java。

```
import javax.swing.*;
import java.awt.*;
class JPanelTest {

    public static void main(String[] args) throws Exception

    {
        JFrame jf=new JFrame("JPanel");
        jf.setSize(300,200);
        jf.setDefaultCloseOperation(JFrame.EXIT_ON_CLOSE);
        jf.setVisible(true);
        jf.setResizable(false);
        jf.setLocationRelativeTo(null);
        jf.setLayout(null);
        //实例化一个面板
        JPanel p=new JPanel();

        //设置面板背景色为蓝色
```

```
        p.setBackground(Color.BLUE);
        p.setSize(150,100);
        //将面板添加到窗体中
        jf.getContentPane().add(p);
    }
}
```

运行结果:

运行结果如图10-4所示。

程序说明:

该实例首先使用JFrame创建了一个标题为JPanel的窗口,设置了窗口大小。然后使用JPanel构造方法来实例化一个面板,并将其颜色设置为蓝色,大小设置为(150,100)。最后使用JPanel类的add()方法将该面板添加到窗口中。

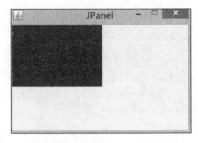

图10-4 例10-2的运行结果

10.3 布局管理器

布局管理器(layout manager)是用来安排容器中多个组件的位置及大小,以确保GUI中各组件能安排在适当的位置。容器对布局管理器的特定实例保持一个引用。当容器需要定位一个组件时,它将调用布局管理器来完成。当决定一个组件的大小时,也是如此。

Java语言中的布局管理器包括以下几种。

(1) FlowLayout——流式布局管理器(见10.3.1节)。

(2) BorderLayout——边框布局管理器(见10.3.2节)。

(3) CardLayout——卡片布局管理器(见10.3.3节)。

(4) GridLayout——网格布局管理器(见10.3.4节)。

(5) GirdBagLayout——网格包布局管理器(见10.3.5节)。

(6) BoxLayout——盒式布局管理器(见10.3.6节)。

每个容器都有默认的布局管理器,当创建一个容器对象时,同时也会创建一个相应的默认布局管理器对象,用户也可以随时为容器创建和设置新的布局管理器。选择了容器之后,可以通过容器的setLayout()和getLayout()方法来确定布局。

10.3.1 流式布局管理器

流式布局管理器提供了一种非常简单的布局,用来将一群组件置于一行。它是JPanel的默认布局管理器。流式布局管理器会将组件安排在同一行,并维持组件原本所定义的大小,当此行已经排满时,它会将剩余的组件自动排列到下一行,而各行的组件会向中间对齐,也可以通过使用常量LEFT、CENTER或RIGHT来改变默认的对齐方式。

FlowLayout的构造方法有如下几种。

(1) public FlowLayout():创建默认布局。

(2) public FlowLayout(int align)：设置对齐方法。

(3) public FlowLayout(int align, int hgap, int vgap)：设置对齐方法、组建的水平间距和垂直间距。

☞**注意**：FlowLayout 的一些常用的方法，如 setAlignment(int align)：确定组件对齐的方式；setHgap(int gap)：指定同一行各组件的距离；setVgap(int gap)：指定各行之间的距离。

【例 10-3】 FlowLayoutTest.java。

```java
import java.awt.Button;
import java.awt.FlowLayout;

import javax.swing.JFrame;

class FlowLayoutTest extends JFrame{

public static void main(String args[]) {
        FlowLayoutTest myflow=new FlowLayoutTest();
        myflow.go();
}

private JFrame jf;
private Button button1,button2,button3,button4;

public void go() {
        jf=new JFrame("FlowLayout");
        jf.setDefaultCloseOperation(JFrame.DISPOSE_ON_CLOSE);
        jf.setLayout(new FlowLayout());
        button1=new Button("button1");
        button2=new Button("button2");
        button3=new Button("button3");
        button4=new Button("button4");
        jf.add(button1);
        jf.add(button2);
        jf.add(button3);
        jf.add(button4);
        jf.setSize(180,150);
        jf.setVisible(true);
    }
}
```

运行结果：

运行结果如图 10-5 所示，拖动窗口改变其大小可以实现按钮的布局变化。

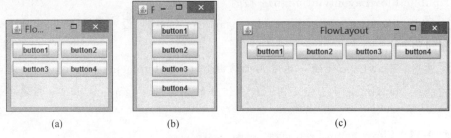

图 10-5　例 10-3 的运行结果

10.3.2　边框布局管理器

边框布局管理器可以将组件安置在 5 个不同的区域，它们分为东、南、西、北、中，分别用常量 EAST、SOUTH、WEST、NORTH 和 CENTER 表示。与流布局管理器不同的是，各区域的组件并不一定会维持原来定义的大小，而是会充满各区域所提供的空间。

BorderLayout 布局管理器有如下两种构造方法。

（1）BorderLayout()：构造一个各部分间距为 0 的 BorderLayout 实例。

（2）BorderLayout(int a, int b)：构造一个各部分具有指定间距的 BorderLayout 实例。

【例 10-4】 BorderLayoutTest.java。

```
import java.awt.BorderLayout;
import java.awt.event.WindowEvent;
import java.awt.event.WindowListener;

import javax.swing.JButton;
import javax.swing.JFrame;

class BorderLayoutTest extends JFrame{
public static void main(String[] args) {
        HelloBorderLayout.setBorderLayout();
}

public static void go(JFrame jf) {
        jf.setDefaultCloseOperation(JFrame.DO_NOTHING_ON_CLOSE);
        jf.setSize(300,300);
        jf.setVisible(true);
}
}

class HelloBorderLayout {
public static JFrame jf=new JFrame("BorderLayout");

public static void setBorderLayout() {
        jf.setLayout(new BorderLayout());
```

```
        jf.add(new JButton("east"),BorderLayout.EAST);
        jf.add(new JButton("south"),BorderLayout.SOUTH);
        jf.add(new JButton("west"),BorderLayout.WEST);
        jf.add(new JButton("north"),BorderLayout.NORTH);
        jf.add(new JButton("center"),BorderLayout.CENTER);

        BorderLayoutTest.go(jf);
    }
}
```

运行结果：

运行结果如图 10-6 所示。

10.3.3 卡片布局管理器

CardLayout 是一种卡片式的布局管理器,它将容器中的组件处理为一系列卡片,每一时刻只显示出其中的一张。

图 10-6 例 10-4 的运行结果

CardLayout 有如下两种构造方法。

(1) CardLayout()：生成一个卡片布局管理器。

(2) CardLayout(int hgap, int vgap)：生成一个卡片布局管理器,并指定卡片内组件之间的空间。

☞注意：CardLayout 类的常用方法,如 first(Container parent)方法用于显示容器的第一个组件；last(Container parent)方法用于显示容器的最后一个组件；next(Container parent)方法用于显示容器的下一个组件；previous(Container parent)方法用于显示容器的前一个组件。

【例 10-5】 CardLayoutTest.java。

```
import java.awt.*;
import javax.swing.*;

public class CardLayoutTest extends JFrame {
    //主要的 JPanel,该 JPanel 的布局管理将被设置成 CardLayout
    private JPanel pane=null;
    private JPanel p=null;
    //CardLayout 布局管理器
    private CardLayout card=null;
    private JButton button_1=null;
    private JButton button_2=null;
    private JPanel p_1=null,p_2=null,p_3=null;

    public CardLayoutTest() {
        super("CardLayout");
        try {
            //将 LookAndFeel 设置成 Windows 样式
```

```java
            UIManager
                    .setLookAndFeel("com.sun.java.swing.plaf.windows.
                    WindowsLookAndFeel");
        } catch (Exception ex) {
            ex.printStackTrace();
        }
        card=new CardLayout(5,5);
        //JPanel 的布局管理将被设置成 CardLayout
        pane=new JPanel(card);
        p=new JPanel();
        button_1=new JButton("退后");
        button_2=new JButton("前进");

        p.add(button_1);
        p.add(button_2);
        p_1=new JPanel();
        p_2=new JPanel();
        p_3=new JPanel();
        p_1.setBackground(Color.yellow);
        p_2.setBackground(Color.blue);
        p_3.setBackground(Color.green);
        p_1.add(new JLabel("JPanel_ yellow "));
        p_2.add(new JLabel("JPanel_ blue "));
        p_3.add(new JLabel("JPanel_ green "));
        pane.add(p_1,"p1");
        pane.add(p_2,"p2");
        pane.add(p_3,"p3");
        button_1.addActionListener(new ActionListener() {
            //退后的按钮动作
            public void actionPerformed(ActionEvent e) {
                card.previous(pane);
            }
        });
        button_2.addActionListener(new ActionListener() {
            //前进的按钮动作
            public void actionPerformed(ActionEvent e) {
                card.next(pane);
            }
        });

        this.getContentPane().add(pane);
        this.getContentPane().add(p,BorderLayout.SOUTH);
        this.setDefaultCloseOperation(JFrame.EXIT_ON_CLOSE);
        this.setSize(260,200);
        this.setVisible(true);
```

```
        }
        public static void main(String[] args) {
            new CardLayoutTest();
        }
    }
}
```

运行结果：

运行结果如图 10-7(a)所示，单击窗口中的"前进"或"后退"按钮可以实现三个面板之间的切换，通过显示不同颜色来标识，如图 10-7(b)和图 10-7(c)所示。

 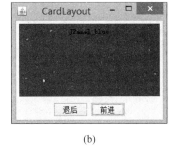 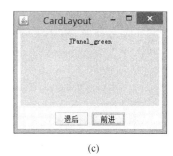

(a)　　　　　　　　　　　(b)　　　　　　　　　　　(c)

图 10-7　例 10-5 的运行结果

10.3.4　网格布局管理器

GridLayout 卡片布局管理器是一种网格式的布局管理器，它将容器空间划分成若干行乘若干列的网格，组件依次放入其中，每个组件占据一格。

GridLayout 有如下三种构造方法。

(1) public GridLayout( )：创建一个只有一行的网格，网格的列数根据实际需要而定。

(2) public GridLayout(int rows, int cols)：创建一个可以设定行数和列数的网格布局。rows 和 cols 分别指定网格的行数和列数。

(3) public GridLayout(int rows, int cols, int hgap, int vgap)：设置网络之间的水平和垂直间距。hgap 和 vgap 分别表示网格间的水平间距和垂直间距。

【例 10-6】　GridLayoutTest.java。

```
import java.awt.GridLayout;
import javax.swing.JButton;
import javax.swing.JFrame;

public class GridLayoutTest {

    public static void main(String[] args) {
        JFrame jf=new JFrame("GridLayout");
        for (int i=0;i<9;i++) {
            jf.add(new JButton("b"+i));
        }
```

```
            jf.setLayout(new GridLayout(3,2));
            jf.pack();
            jf.setVisible(true);
        }
    }
```

运行结果：

运行结果如图10-8所示。

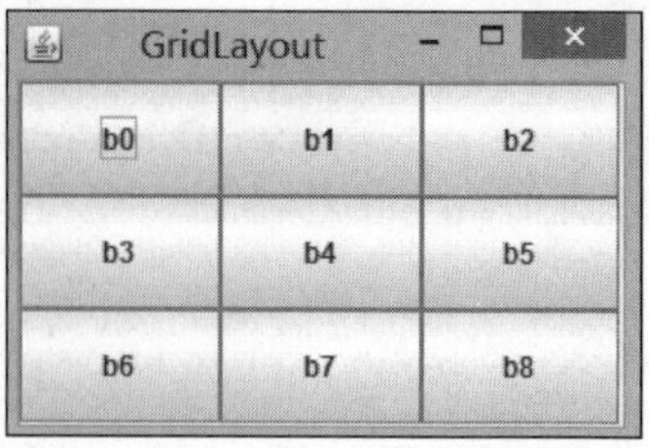

10.3.5 网格包布局管理器

图 10-8 例 10-6 的运行结果

GirdBagLayout 是基于网格布局的一种改进布局。和基本的网格布局不同的是，使用该布局管理器时，一个组件不一定只占据一个网格，可以占据多个网格，这样就增加了布局的灵活性。网格包布局使用的基本单位为 cell，一个组件可以占一个以上的 cell，一个组件占有的区域称为该组件的显示区域。每个组件施加空间控制是通过类 GridBagConstraints 来实现的。

【例 10-7】 GirdBagLayoutTest.java。

```java
import java.awt.GridBagConstraints;
import java.awt.GridBagLayout;
import javax.swing.JButton;
import javax.swing.JFrame;

public class GridBagLayoutTest {
    public static void main(String args[]) {
        JFrame f=new JFrame("GridBagLayout");
        GridBagLayout gridbaglayout=new GridBagLayout();
        GridBagConstraints c=new GridBagConstraints();
        f.setLayout(gridbaglayout);
        //按水平、垂直填充组件的显示区
        c.fill=GridBagConstraints.BOTH;
        JButton button1=new JButton("button1");
        JButton button2=new JButton("button2");
        JButton button3=new JButton("button3");
        JButton button4=new JButton("button4");

        gridbaglayout.setConstraints(button1,c);
        gridbaglayout.setConstraints(button2,c);
        gridbaglayout.setConstraints(button3,c);
        gridbaglayout.setConstraints(button4,c);

        jf.add(button1);
        //当前最后一个组件
        c.gridwidth=GridBagConstraints.REMAINDER;
        gridbaglayout.setConstraints(button2,c);
```

```
        jf.add(button2);
        //当前最后一个组件
        c.gridwidth=GridBagConstraints.REMAINDER;
        c.gridheight=1;
        jf.add(button3);
        jf.add(button4);
        jf.setSize(300,200);
        jf.show();
    }
}
```

运行结果：

运行结果如图10-9所示。

图 10-9 例 10-7 的运行结果

10.3.6 盒式布局管理器

盒式布局管理器也是用来将一群组件排列在一起，除了至左而右的排列方式，还提供由上而下的排列方式。同流式布局不同的是，当空间不够时，BoxLayout 组件不会自动往下移。

BoxLayout 的构造方法形式如下：

BoxLayout(Container target, int axis)：axis 是用来指定组件排列的方式(X_AXIS 为水平排列,Y_AXIS 为垂直排列)。

【例 10-8】 BoxLayoutTest.java。

```
import javax.swing.*;

public class BoxLayoutTest {
    public void go() {
        JPanel jpv=new JPanel();
        jpv.setLayout(new BoxLayout(jpv,BoxLayout.X_AXIS));
        for (int i=0;i<3;i++) {
            jpv.add(new JButton("levelButton"+(i+1)));
        }
        
        JPanel jph=new JPanel();
        jph.setLayout(new BoxLayout(jph,BoxLayout.Y_AXIS));
        for (int j=0;j<3;j++) {
            jph.add(new JButton("verticalButton"+(j+1)));
        }
        
        JFrame jf=new JFrame("BoxLayout");
        jf.add(jpv,"North");
        jf.add(jph,"South");
        jf.setSize(350,200);
        jf.setLocation(80,80);
```

```
            jf.setVisible(true);
        }

        public static void main(String[] args) {
            BoxLayoutTest test=new BoxLayoutTest();
            test.go();
        }
    }
```

运行结果：

运行结果如图 10-10 所示。

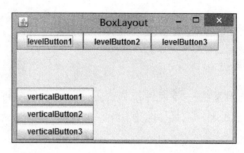

图 10-10　例 10-8 的运行结果

10.4　Swing 组 件

　　Swing 组件是 Java 基础类 JFC(Java Foundation Classes)的一个组件部分，它提供了一套功能更强大、数量更多的图形用户界面组件，都包含在 javax.swing 包中。

　　Swing 组件的名称与 AWT 组件名称基本相同，只是在 AWT 组件名称的前面加上了 J 字母作为标识。Swing 组件与 AWT 组件存在区别，主要表现在 Swing 组件类不带本地代码，因此不受操作系统平台的约束，因此，具有更强大的功能。而且 Swing 组件提供了更完整的组件，引入了许多新的特性和能力。

　　Swing GUI 使用两种类型的类：GUI 类和非 GUI 类。GUI 类是可视的，它从 JComponent 类继承而来；而非 GUI 类为 GUI 类提供服务，并执行关键功能，因此它们不产生可视的输出。在 10.1 节中，图 10-2 Swing 类的继承关系图对 Swing 的层次结构进行了简单介绍。因此，这里不再赘述。

10.4.1　标签组件

　　标签是用来显示一个单行文本的组件。Swing 中用 JLabel 类来标识。标签中的文本具有三种对齐方式：左对齐、居中对齐和右对齐，分别使用 LABEL.LEFT、LABEL.ENTER 和 LABEL.RIGHT 三个静态常量表示。

　　JLabel 有如下几种构造方法。

　　(1) Public JLabel()：创建没有名字的标签。

(2) Public JLabel(String title):创建名字为 title 的标签。

(3) Public JLabel(String title,int alignment):创建名字为 title、对齐方式为 alignment 的标签。

(4) Public JLabel(Icon icon):创建具有图标 icon 的标签。

(5) Public JLabel(String title,int alignment,Icon icon):创建名字为 title、对齐方式为 alignment、具有图标 icon 的标签。

【例 10-9】 JLabelTest.java。

```
import java.awt.Container;
import java.awt.FlowLayout;

import javax.swing.JFrame;
import javax.swing.JLabel;

public class JLabelTest {
    public static void main(String args[]) {
        JFrame jf=new JFrame("JLabel");
        Container contentPane=jf.getContentPane();
        contentPane.setLayout(new FlowLayout());
        JLabel jlabel1=new JLabel("jlabel1");
        JLabel jlabel2=new JLabel("jlabel2");
        JLabel jlabel3=new JLabel("jlabel3");
        contentPane.add(jlabel1);
        contentPane.add(jlabel2);
        contentPane.add(jlabel3);

        jf.setSize(200,150);
        jf.show();
    }
}
```

运行结果:
运行结果如图 10-11 所示。

图 10-11 例 10-9 的运行结果

10.4.2 文本组件

文本组件主要有两种类型,即 JTextField 文本框和 JTextArea 文本域。

文本框是一个单行的文本域,可以接受从键盘输入的信息。Swing 的 JTextFiled 类是用来创建文本框的(相当于 AWT 的 TextFiled 类)。

文本域相当于多行的文本框,它不受行数的限制,当内容超出容纳范围时,具有滚动显示的功能。Swing 的 JTextArea 类是用来创建文本域的(相当于 AWT 的 TextArea 类)。

1. JTextField 文本框

JTextField 类具有如下几种构造方法。

(1) public JTextField()：创建长度为1个字符的文本框。

(2) public JTextField(int a)：创建长度为a个字符的文本框。

(3) public JTextField(String str)：创建初始字符串为str的文本框。

(4) public JTextField(String str, int a)：创建长度为a个字符且初始字符串为str的文本框。

【例10-10】 JTextFieldTest.java。

```
import java.text.ParseException;
import javax.swing.JFormattedTextField;
import javax.swing.JFrame;
import javax.swing.text.MaskFormatter;

public class JTextFieldTest {
    public static void main(String[] args) throws ParseException {
        JFrame frame=new JFrame("JTextField");
        MaskFormatter formatter=new MaskFormatter("##########");
        JFormattedTextField jftf=new JFormattedTextField(formatter);
        jftf.setColumns(20);
        frame.getContentPane().add(jftf);
        frame.setDefaultCloseOperation(JFrame.EXIT_ON_CLOSE);
        frame.pack();
        frame.setVisible(true);
    }
}
```

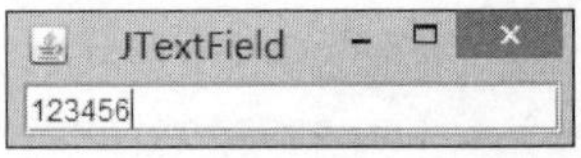

运行结果：

运行结果如图10-12所示。

图10-12 例10-10的运行结果

程序说明：

该实例创建了一个文本框，该文本框通过MaskFormatter("##########")方法限制了输入长度及内容，即只允许输入不超过10个的数字，通过setColumns(20)方法设置了文本框的可输入上限为20。

2. JTextArea文本域

JTextArea类具有如下几种构造方法。

(1) public JTextArea()：创建空文本域。

(2) public JTextArea(String str)：创建初始文本为str的文本域。

(3) public JTextArea(int rows, int columns)：创建rows行、columns列大小的文本域。

(4) public JTextArea(String str, int rows, int columns)：创建初始文本为str，并且具有rows行、columns列大小的文本域。

(5) public JTextArea(String str, int rows, int columns, int scrollbars)：创建初始文本为str，具有rows行、columns列大小，并且滚动方式为scrollbars的文本域。

注意：滚动方式采用4个静态常量表示：SCROLLBARS_NONE、SCROLLBARS_VERTICAL_ONLY、SCROLLBARS_HORIZONTAL_ONLY、SCROLLBARS_BOTH。

【例 10-11】 JTextAreaTest.java。

```java
import java.awt.*;
import java.awt.event.*;
import javax.swing.*;

public class JTextAreaTest {
    public static void main(String[] args) {
        JFrame jf=new JFrame("JTextArea");
        Container contentPane=jf.getContentPane();
        contentPane.setLayout(new BorderLayout());

        JPanel p1=new JPanel();
        p1.setLayout(new GridLayout(1,1));

        JTextArea t1=new JTextArea(7,30);
        t1.setTabSize(10);
        //将 JTextArea 放入 JScrollPane 中
        p1.add(new JScrollPane(t1));

        contentPane.add(p1);
        jf.pack();
        jf.show();
        jf.addWindowListener(new WindowAdapter() {
            public void windowClosing(WindowEvent e) {
                System.exit(0);
            }
        });
    }
}
```

运行结果：

运行结果如图 10-13 所示。

程序说明：

该实例创建了一个空文本域,图示三行文字为调试代码时的输入。

图 10-13 例 10-11 的运行结果

10.4.3 按钮组件

在 Swing 中使用 JButton 来表示按钮组件。它是一种在单击时触发行为事件的组件。JButton 类有如下几种构造方法。

(1) public JButton()：创建没有名字的按钮。

(2) public JButton(String title)：创建名字为 title 的按钮。

(3) public JButton(Icon icon)：创建图标为 icon 的按钮。

(4) public JButton(String title，Icon icon)：创建名字为 title、图标为 icon 的按钮。

Swing 中 JButton 类仅用来表示简单的按钮。在 10.1 节的图 10-2 swing 类的继承关系图中能够看出,JRadioButton 类和 JCheckBox 类继承了 JButton 类。因此 Swing 按钮组件还包括单选按钮和复选框。

① 单选按钮只允许用户从一组组件中选择唯一的一个选项,如,"男"和"女"的选择。Swing 中使用 JRadioButton 类表示单选按钮。

② 复选框是一种能够打开、关闭选项的组件。Swing 中使用 JCheckBox 类表示复选框。

单选按钮和复选框分别具有 7 种不同的构造方法,其形式与 JButton 类似,这里不再赘述。例 10-12 展示的是 JRadioButton 单选按钮和 JCheckBox 复选框的创建和使用。

【例 10-12】 JButtonTest.java。

```java
import java.awt.*;
import javax.swing.*;

public class JButtonTest {
    public Label l1=new Label("性别: ");
    public Label l2=new Label("爱好: ");
    public Label l3=new Label();
    public JRadioButton s1=new JRadioButton("男");
    public JRadioButton s2=new JRadioButton("女",true);
    public JCheckBox s3=new JCheckBox("音乐");
    public JCheckBox s4=new JCheckBox("足球",true);
    public JCheckBox s5=new JCheckBox("阅读");
    public JCheckBox s6=new JCheckBox("交友");
    public JCheckBox s7=new JCheckBox("美术");
    public ButtonGroup g=new ButtonGroup();

    public void display() {
        JFrame jf=new JFrame("JButton");
        Toolkit kit=Toolkit.getDefaultToolkit();
        Dimension screenSize=kit.getScreenSize();
        int x=screenSize.height;
        int y=screenSize.width;
        int xx=(x-200) / 2;
        int yy=(y-300) / 2;
        jf.setSize(300,200);
        jf.setVisible(true);
        jf.setLocation(yy,xx);
        JPanel pane=new JPanel(new GridLayout(5,2));
        jf.setContentPane(pane);
        jf.setResizable(false);
        g.add(s1);
        g.add(s2);
        pane.add(l1);
        pane.add(l3);
```

```
        pane.add(s1);
        pane.add(s2);
        pane.add(l2);
        pane.add(s3);
        pane.add(s4);
        pane.add(s5);
        pane.add(s6);
        pane.add(s7);
    }
    public static void main(String[] args) {
        new JButtonTest().display();
    }
}
```

运行结果：

运行结果如图10-14所示。

程序说明：

该实例首先利用 Label 组件创建了"性别："和"爱好："两个标签，其标签下又分别创建了单选按钮和复选框。其中，性别"男"、"女"为单选按钮 JRadioButton，其他5种爱好为复选框 JCheckBox。

10.4.4 树形组件

生活中会经常使用到树形组件(JTree)，最常用的就是计算机的左侧导航，计算机树形组件如图10-15所示。

图10-14 例10-12的运行结果

图10-15 计算机树形组件

【例10-13】 JTreeTest.java。

```
import java.awt.*;
import java.util.*;
import javax.swing.*;
```

```java
public class JTreeTest {
    public JTreeTest() {
        JFrame jf=new JFrame("JTree");
        Container contentPane=f.getContentPane();

        String[] s1={ "电影","音乐","图片" };
        String[] s2={ "Java 程序设计","SSH 框架","Java 项目" };
        String[] s3={ "Google","Yahoo","Bing" };

        Hashtable hashtable1=new Hashtable();
        Hashtable hashtable2=new Hashtable();
        hashtable1.put("娱乐",s1);
        hashtable1.put("文件",s2);
        hashtable1.put("收藏夹",hashtable2);
        hashtable2.put("常用网站",s3);

        Font font=new Font("Dialog",Font.PLAIN,12);
        Enumeration keys=UIManager.getLookAndFeelDefaults().keys();

        while (keys.hasMoreElements()) {
            Object key=keys.nextElement();
            if (UIManager.get(key) instanceof Font) {
                UIManager.put(key,font);
            }
        }
        try {

            UIManager
                .setLookAndFeel("com.sun.java.swing.plaf.windows.WindowsLookAndFeel");
        } catch (Exception el) {
            System.exit(0);
        }

        JTree tree=new JTree(hashtable1);
        JScrollPane scrollPane=new JScrollPane();
        scrollPane.setViewportView(tree);
        contentPane.add(scrollPane);
        jf.pack();
        jf.setVisible(true);
        jf.addWindowListener(new WindowAdapter() {
            public void windowClosing(WindowEvent e) {
                System.exit(0);
            }
        });
    }
```

```
        public static void main(String[] args) {
            new JTreeTest();
        }
}
```

运行结果：

运行结果如图 10-16 所示。

程序说明：

该实例实现了一个与计算机导航类似的树形组件。首先将"娱乐"、"收藏夹"和"文件"放入一个哈希表中，然后将"常用网站"放入另一个哈希表中，并且加入到"收藏夹"中。到此为止做好了所有的文件夹，接下来只需要用数组封装好文件夹下的内容加入对应的哈希表即可。

图 10-16　例 10-13 的运行结果

10.4.5　下拉列表组件

下拉列表组件(JComboBox)是一些项目的简单列表，用户可以从中进行选择。Swing 中使用 JComboBox 标识。JComboBox 和 AWT 中的 Choice 类似，不同的是 JComboBox 可以被设置成可编辑的，即用户可以在列表的显示区域里输入文本并按 Enter 键，该文本就可以被加入到下拉列表中去。

JComboBox 的两种构造方法如下。

(1) public JComboBox()：默认构造方法。

(2) public JComboBox(Object[] stringItems)：带有字符串列表的构造方法。

【例 10-14】　JComboBoxTest.java。

```
import java.awt.BorderLayout;
import javax.swing.*;

public class JComboBoxTest {
    public static void main(String args[]) {
        String labels[]={ "北京","上海","深圳","广州","香港","澳门" };
        JFrame frame=new JFrame("Popup JComboBox");
        frame.setDefaultCloseOperation(JFrame.EXIT_ON_CLOSE);

        JComboBox comboBox=new JComboBox(labels);
        comboBox.setUI((ComboBoxUI)
MyComboBoxUI.createUI(comboBox));
        frame.add(comboBox,BorderLayout.NORTH);

        frame.setSize(300,200);
        frame.setVisible(true);
    }

    static class MyComboBoxUI extends BasicComboBoxUI {
        public static ComponentUI createUI(JComponent c) {
```

```
            return new MyComboBoxUI();
        }

        protected JButton createArrowButton() {
            JButton button=new BasicArrowButton(BasicArrowButton.WEST);
            return button;
        }
    }
}
```

运行结果：

运行结果如图 10-17 所示。

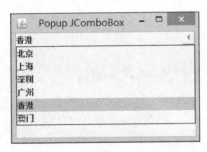

图 10-17　例 10-14 的运行结果

10.5　事 件 处 理

　　10.4 节重点讲解了 Swing 组件,而学习组件除了要理解组件的属性和功能外,一个更重要的方面是学习怎样处理组件上发生的界面事件。

　　事件就是用户对组件的一个操作,如鼠标的各种动作、键盘的操作以及发生在组件上的各种动作,因此事件一般也分为三种类型：键盘事件、鼠标事件以及组件的动作事件。

　　学习事件要明确事件类、事件对象、事件源和事件监听器 4 个概念。

　　(1) 事件类：不同的事件被封装成不同的事件类,Java 在 java.awt.event 包中定义了许多事件类。

　　(2) 事件对象：描述的是用户所执行的操作,用户的操作不同,事件对象的内容也会不同。

　　(3) 事件源：产生事件的组件称为事件源(event source)。

　　(4) 事件监听器：事件监听器是在事件发生时被通知的对象,一个组件如果需要响应一个事件,则必须先注册一个指定的事件监听器,注册后该事件监听器将时刻监视该组件,一旦在该组件上发生相应的事件,则产生一个事件对象并调用相应的事件处理方法。

　　明确了以上重要的概念才能够更好地理解处理事件对象的流程。在用户操作前,首先要注册事件监听器,当用户开始对事件源操作时,便生成事件对象,然后事件对象传入事件处理器,事件处理器通过之前注册的事件监听器便可以对事件源处理。

　　传递及处理事件对象的流程如图 10-18 所示。

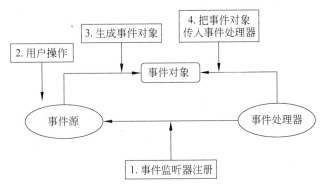

图 10-18　传递及处理事件对象的流程

在开始详细地讲解几种典型事件处理之前，我们需要认识常见的事件类别，以及其接口名称和常用方法，如鼠标事件、键盘事件和窗口事件。事件类别所示如表 10-1 所示。

表 10-1　事件类别

事件类别	interface 名称	方　　法
Mouse Motion	MouseMotionListener	mouseDragged(MouseEvent) mouseMoved(MouseEvent)
Mouse Button	MouseListener	mousePressed(MouseEvent) mouseReleased(MouseEvent) mouseEntered(MouseEvent) mouseExited(MouseEvent) mouseClicked(MouseEvent)
Key	KeyListener	keyPressed(KeyEvent) keyReleased(KeyEvent) keyTyped(KeyEvent)
Focus	FocusListener	focusGained(FocusEvent) focusLost(FocusEvent)
Component	ComponentListener	componentMoved(ComponentEvent) componentHidden(ComponentEvent) componentResized(ComponentEvent) componentShown(ComponentEvent)
Window	WindowListener	windowClosing(WindowEvent) windowOpened(WindowEvent) windowIconified(WindowEvent) windowDeiconified(WindowEvent) windowClosed(WindowEvent) windowActivated(WindowEvent) windowDeactivated(WindowEvent)

10.5.1　窗口事件处理

JFrame 是 Window 的子类，凡是 Window 子类创建的对象都可以发生 WindowEvent 类型事件，即窗口事件。当一个 JFrame 窗口被激活、撤销激活、打开、关闭、图标化或撤销图标化时，就引发了窗口事件，即 WindowEvent 创建一个窗口事件对象。

在上图 10-5 的 window 事件中，我们已经知道了窗口事件的 7 个常用方法，其使用方法如下。

（1）public void windowActivated(WindowEvent e)：当窗口从非激活状态到激活时，窗口的监视器调用该方法。

（2）public void windowDeactivated(WindowEvent e)：当窗口从激活状态到非激活状态时，窗口的监视器调用该方法。

（3）public void windowClosing(WindowEvent e)：当窗口正在被关闭时，窗口的监视器调用该方法。

（4）public void windowClosed(WindowEvent e)：当窗口关闭后，窗口的监视器调用该方法。

（5）public void windowIconified(WindowEvent e)：当窗口图标化时，窗口的监视器调用该方法。

（6）public void windowDeiconified(WindowEvent e)：当窗口撤销图标化时，窗口的监视器调用该方法。

（7）public void windowOpened(WindowEvent e)：当窗口打开时，窗口的监视器调用该方法。

10.5.2 焦点事件处理

Swing 组件可以触发焦点事件。可以使用 public void addFocusListener(FocusListener listener)增加焦点事件监视器。当组件获得焦点监视器后，如果组件从无输入焦点变成有输入焦点或从有输入焦点变成无输入焦点时都会触发 FocusEvent 事件。创建监视器的类必须实现 FocusListener 接口，该接口有两个方法。

（1）public void focusGained(FocusEvent e)：当组件从无输入焦点变成有输入焦点触发 FocusEvent 事件时调用。

（2）public void focusLost(FocusEvent e)：当组件从有输入焦点变成无输入焦点触发 FocusEvent 事件时调用。

【例 10-15】 FocusEventTest.java。

```
import java.awt.event.WindowEvent;
import java.awt.event.WindowFocusListener;
import javax.swing.JFrame;

public class FocusEventTest extends JFrame {

    private static final long serialVersionUID=6385933774053272194L;

    public FocusEventTest () {
        addFocusListener(new FocusListener() {

            public void windowGainedFocus(FocusEvent e) {
                System.out.println("窗口获得了焦点!");
```

```
            }
            public void windowLostFocus(FocusEvent e) {
                System.out.println("窗口失去了焦点!");
            }
        });
    }
    public static void main(String[] args) {
        WindowEventTest frame=new WindowEventTest();
        frame.setTitle("WindowEvent");
        frame.setVisible(true);
        frame.setDefaultCloseOperation(JFrame.EXIT_ON_CLOSE);
        frame.setBounds(0,0,300,100);
    }
}
```

运行结果：

运行结果如图 10-19 所示。

程序说明：

该实例通过对窗口的监听，实现了窗口何时获得焦点，何时失去焦点。当窗口获得焦点时，windowGainedFocus()方法输出相应结果，当窗口失去焦点时，windowLostFocus()方法输出相应结果。

图 10-19　例 10-15 的运行结果

10.5.3　鼠标事件处理

鼠标事件包括单击事件、鼠标移动事件等。当用户按下鼠标、释放鼠标或移动鼠标时会产生鼠标事件。该事件对应两种监听器：MouseListener 和 MouseMotionListener 接口。鼠标按钮相关事件监听器由实现 MouseListener 接口的对象表示，而鼠标移动相关事件监听器则由实现 MouseMotionListener 接口的对象表示。

鼠标单击事件可以分为两个子事件：MOUSE_DOWN 事件和 MOUSE_UP 事件。当按下鼠标时生成 MOUSE_DOWN 事件，当松开鼠标时生成 MOUSE_UP 事件。

下面是处理 MOUSE_DOWN 事件的 mouseDown() 方法：

```
public Boolean mouseDown(Event e, int x, int y)
```

下面是处理 MOUSE_UP 事件的 mouseUp() 方法：

```
public Boolean mouseUp(Event e, int x, int y)
```

注意：两种方法构造形式基本相同，其中的参数 x 和 y 代表事件发生所在的坐标值。

鼠标移动事件与单击事件类似，Java 语言中有两种鼠标移动事件：MOUSE_DRAG 事件和 MOUSE_MOVE 事件。当按下鼠标后再移动鼠标时，就会生成 MOUSE_DRAG 事件，如果没有按下鼠标而移动鼠标则会生成 MOUSE_MOVE 事件。mouseDrag() 和 mouseMove() 的构造方法与单击事件相同，不再赘述。

【例 10-16】 MouseEventTest.java。

```java
import java.awt.*;
import javax.swing.*;

public class MouseEventTest {
    public static void main(String[] args) {
        new NewFrame("MouseEvent");
    }
}

class NewFrame extends JFrame implements MouseMotionListener {

    private static final long serialVersionUID=1L;

    private JTextArea txtInfo=new JTextArea(50,50);

    NewFrame(String title) {
        super(title);
        setDefaultCloseOperation(JFrame.EXIT_ON_CLOSE);

        JScrollPane sp=new JScrollPane(txtInfo);

        Container cp=getContentPane();
        cp.setLayout(new GridLayout(1,2));

        JPanel panel=new JPanel();
        panel.setLayout(new BorderLayout());
        panel.add(new JLabel("鼠标移动区域",JLabel.CENTER));
        panel.setBackground(Color.yellow);

        cp.add(panel);
        cp.add(sp);

        panel.addMouseMotionListener(this);

        setSize(300,200);
        setVisible(true);
    }

    public void mouseDragged(MouseEvent e) {
        txtInfo.append("Mouse Dragged ("+e.getX()+","+e.getY()+")\n");
    }

    public void mouseMoved(MouseEvent e) {
        txtInfo.append("Mouse moved ("+e.getX()+","+e.getY()+")\n");
    }
}
```

运行结果：

运行结果如图 10-20 所示。

程序说明：

该实例通过继承 MouseMotionListener 接口，实现了 mouseDragged()方法和 mouseMoved()方法，当鼠标在左侧的区域移动时，右侧文本域则会显示鼠标是移动还是拖曳，并且显示其具体的坐标。

图 10-20　例 10-16 的运行结果

10.5.4　键盘事件处理

当用户按下或释放键时产生该类事件，称为键盘事件。当按下某个键时，就会生成 KEY_PRESS 事件；当放开这个键时，则会生成 KEY_RELEASE 事件。KEY_PRESS 事件的处理方法可以使用 keyDown()方法：

```
public Boolean keyDown(Event e, int key)
```

键盘事件中，事件源使用 addKeyListener()方法获得监视器，使用 KeyListener 接口处理键盘事件，该接口定义三个抽象方法。

```
public abstract void keyTyped(KeyEvent keyevent);
public abstract void keyPressed(KeyEvent keyevent);
public abstract void keyReleased(KeyEvent keyevent);
```

【例 10-17】 KeyEventTest.java。

```java
import java.awt.*;
import javax.swing.*;

public class KeyEventTest extends JFrame {
    private static final long serialVersionUID=-3184139070064852786L;
    public KeyEventTest() {
        final Container container=getContentPane();
        container.setLayout(new FlowLayout());
        JLabel label=new JLabel("只允许输入数字的文本框：");
        final JTextField textField=new JTextField(10);
        container.add(label);
        container.add(textField);

        textField.addKeyListener(new KeyAdapter() {

            public void keyPressed(KeyEvent e) {
                if (e.getKeyCode()==KeyEvent.VK_ENTER) {
                    char[] text=textField.getText().toCharArray();
                    for (char ch : text) {
                        if (!Character.isDigit(ch)) {
                            JOptionPane.showMessageDialog(
```

```
                    container,
                    "您的输入不合法!",
                    "Warning",
                    JOptionPane.WARNING_MESSAGE);
                textField.setText("");
                return;
            }
        }
    }
});
}

public static void main(String[] args) {
    KeyEventTest frame=new KeyEventTest();
    frame.setTitle("KeyEvent");
    frame.pack();
    frame.setVisible(true);
    frame.setDefaultCloseOperation(JFrame.EXIT_ON_CLOSE);
}
}
```

运行结果：

当输入的字符全部为数字时，按下 Enter 键会显示，如图 10-21 所示。

图 10-21　显示结果

因为该键盘事件限制了文本框的输入内容，因此，当输入的字符不全为数字时，如图 10-22 所示。按下 Enter 键后，进入（!Character.isDigit(ch)）条件判断语句，弹出 Warning 对话框，如图 10-23 所示。

图 10-22　输入不为数字时

图 10-23　Warning 对话框

10.6　图 形 处 理

图形处理技术不仅可以利用 Graphics 图形类库提供的方法绘制图，而且可以对其进行填充和颜色设置得到不同的图形效果，还可以对文字进行颜色的处理。

10.6.1　图形绘制和填充

Graphics 图形类是 Java 语言中绘制图形图像的基础类，它包含于 java.awt 包中，本身是一个抽象类。Graphics 类提供了 Java 程序中绘制不同图形的方法。在程序设计过程中，

Graphics 对象并不是手动生成的,而是先覆盖 paint 方法,然后在 paint 方法中直接使用 Graphics 对象,例如:

```
public void paint(Graphics g)
```

上述语句中的 g 就是一个 Graphics 对象,而 paint 方法是专门用来处理 Component 对象画面的。

1. 绘制直线

绘制直线的方法如下:

```
drawLine(int x1, int y1, int x2, int y2);
```

其中(x1,y1)和(x2,y2)分别是直线起点和终点的坐标。

【例 10-18】 绘制直线。

```
import java.applet.Applet;
import java.awt.Graphics;

public class DrawLine extends Applet {
    public void paint(Graphics line) {
        int x1=0,y1=0;
        int x2=150,y2=150;

        line.drawLine(x1,y1,x2,y2);
    }
}
```

运行结果:

运行结果如图 10-24 所示。

图 10-24　例 10-18 的运行结果

2. 绘制椭圆

圆形和椭圆的绘制方法由起点、宽度和高度决定,其方法如下:

```
drawOval(int x, int y, int width, int height);
```

其中,width 和 height 表示内切圆的宽度和高度。

【例 10-19】 绘制椭圆。

```
import java.applet.Applet;
import java.awt.Graphics;

public class draw extends Applet {
public void paint(Graphics draw) {
        int x=80,y=20;
        int width=40,height=80;
        draw.drawOval(x,y,width,height);
    }
}
```

运行结果：

运行结果如图 10-25 所示。

3. 绘制和填充其他图形

绘制和填充矩形：

```
drawRect(int x, int y, int width, int height);
fillRect(int x, int y, int width, int height);
```

绘制和填充扇形：

```
drawOval(int x, int y, int width, int height, int
StartAngle, int arcAngle);
fillOval(int x, int y, int width, int height, int
StartAngle, int arcAngle);
```

图 10-25　例 10-19 的运行结果

绘制和填充多边形：

```
drawPolygon(int[]xPoints, int[] yPoints, int nPoints);
fillPolygon(int[]xPoints, int[] yPoints, int nPoints);
```

【例 10-20】　Draw.java。

```
import java.applet.Applet;
import java.awt.Graphics;

public class Draw extends Applet {
    public void paint(Graphics draw) {
        int x[]={51,30,46};
        int y[]={34,28,45};
        int n=3;

        draw.fillPolygon(x,y,n);

        draw.fillRect(122,43,22,48);
        draw.fillRoundRect(65,34,26,43,20,30);
    }
}
```

运行结果：

运行结果如图 10-26 所示。

10.6.2　字体和颜色处理

1. 字体

java.awt.Font 类定义了字体是从字形创建的，一个字形是一个位映射图像，它定义字体中的字符和符号的外观。字体的构造方法如下：

图 10-26　例 10-20 的运行结果

```
Font clockFaceFont=new Font("字体名称",字体风格,字体大小);
```

例如:

```
Font clockFaceFont=new Font("Serif", Font.PLAIN, 14);
```

> **注意**:字体风格有如下三种形式。

(1) public final static int PLAIN:一个代表普通字体风格的常量。

(2) public final static int BOLD:一个代表粗体字体风格的常量。

(3) public final static int ITALIC:一个代表斜体字体风格的常量。

2. 颜色处理

java.awt.Color类定义了颜色常量和方法。每种颜色都是从RGB值创建出来的。其构造方法如下:

```
public Color(int r,int g,int b);
```

例如:

```
public Color(int 85,int 90,int 205);        //豆沙绿颜色
```

【例10-21】 FontColorTest。

```java
import java.awt.*;
import javax.swing.*;

public class FontColorTest extends javax.swing.JFrame implements ActionListener {
    private static final long serialVersionUID=1L;
    private JPanel jp1;
    private JButton color;
    private JTextPane jep;
    private JScrollPane jsp;
    private JButton font;

    private void go() {
        try {
            BorderLayout thisLayout=new BorderLayout();
            getContentPane().setLayout(thisLayout);
            setDefaultCloseOperation(WindowConstants.DISPOSE_ON_CLOSE);
            {
                jp1=new JPanel();
                getContentPane().add(jp1,BorderLayout.NORTH);
                {
                    font=new JButton();
                    font.addActionListener(this);
                    jp1.add(font);
                    font.setText("font");
```

```java
                }
                {
                    color=new JButton();
                    jp1.add(color);
                    color.addActionListener(this);
                    color.setText("color");
                }
            }
            {
                jsp=new JScrollPane();
                getContentPane().add(jsp,BorderLayout.CENTER);
                {
                    jep=new JTextPane();
                    jsp.setViewportView(jep);
                    jep.setDocument(new DefaultStyledDocument());
                }
            }
            pack();
            setSize(300,200);
        } catch (Exception e) {
            e.printStackTrace();
        }
    }

    public static void setFontSize(JEditorPane editor,int size) {
        if (editor !=null) {
            if ((size >0) && (size<512)) {
                MutableAttributeSet attr=new SimpleAttributeSet();
                StyleConstants.setFontSize(attr,size);
                setCharacterAttributes(editor,attr,false);
            } else {
                UIManager.getLookAndFeel().provideErrorFeedback(editor);
            }
        }
    }

    public static void setForeground(JEditorPane editor,Color fg) {
        if (editor !=null) {
            if (fg !=null) {
                MutableAttributeSet attr=new SimpleAttributeSet();
                StyleConstants.setForeground(attr,fg);
                setCharacterAttributes(editor,attr,false);
            } else {
```

```java
            UIManager.getLookAndFeel().provideErrorFeedback(editor);
        }
    }
}

public static final void setCharacterAttributes(JEditorPane editor,
        AttributeSet attr,boolean replace) {
    int p0=editor.getSelectionStart();
    int p1=editor.getSelectionEnd();
    if (p0 !=p1) {
        StyledDocument doc=getStyledDocument(editor);
        doc.setCharacterAttributes(p0,p1-p0,attr,replace);
    }
    StyledEditorKit k=getStyledEditorKit(editor);
    MutableAttributeSet inputAttributes=k.getInputAttributes();
    if (replace) {
        inputAttributes.removeAttributes(inputAttributes);
    }
    inputAttributes.addAttributes(attr);
}

protected static final StyledDocument getStyledDocument(JEditorPane e) {
    Document d=e.getDocument();
    if (d instanceof StyledDocument) {
        return (StyledDocument) d;
    }
    throw new IllegalArgumentException("document must be StyledDocument");
}

protected static final StyledEditorKit getStyledEditorKit(JEditorPane e) {
    EditorKit k=e.getEditorKit();
    if (k instanceof StyledEditorKit) {
        return (StyledEditorKit) k;
    }
    throw new IllegalArgumentException("EditorKit must be StyledEditorKit");
}

public void actionPerformed(ActionEvent e) {
    Object obj=e.getSource();
    if (obj==font) {
        JEditorPane editor=jep;
        setFontSize(editor,20);
    }
```

```
        if (obj==color) {
            JEditorPane editor=jep;
            setForeground(editor,Color.green);
        }
    }

    public FontColorTest() {
        super();
        go();
    }

    public static void main(String[] args) {
        FontColorTest inst=new FontColorTest();
        inst.setVisible(true);
    }
}
```

运行结果：

运行结果如图 10-27 所示。

程序说明：

图 10-27　例 10-21 的运行结果

该实例创建了两个按钮，其作用分别是对字体和颜色的更改。输入文字，当单击 font 按钮时，选中的文字字号会由默认值变为 20，程序中使用了"setFontSize(editor, 20);"来实现该功能。当单击 color 按钮时，选中的文字颜色会变为绿色，程序中使用了"setForeground(editor, Color.green);"来实现该功能。

10.7　综合实例

【例 10-22】 Login.java。

```
import java.awt.*;
import javax.swing.*;

public class Login extends JFrame {
    private JComboBox nameJComboBox;
    private JPanel userJPanel;
    private JLabel pictureJLabel;
    private JButton okJButton,cancelJButton;
    private JLabel nameJLabel,passwordJLabel,note;
    private JPasswordField passwordJPasswordField;
    private String name1;
    private String password1;
    private String user;
```

```java
    private ImageIcon myImageIcon;

    public login() {
        createUserInterface();
    }

    private void createUserInterface() {
        Container contentPane=getContentPane();
        contentPane.setLayout(null);

        userJPanel=new JPanel();
        userJPanel.setBounds(35,120,300,96);
        userJPanel.setBorder(BorderFactory.createEtchedBorder());
        userJPanel.setLayout(null);
        contentPane.add(userJPanel);

        nameJComboBox=new JComboBox();
        nameJComboBox.setBounds(100,12,170,25);
        nameJComboBox.addItem("admin");
        nameJComboBox.addItem("aloie");
        nameJComboBox.setSelectedIndex(0);
        nameJComboBox.setEditable(true);
        userJPanel.add(nameJComboBox);

        pictureJLabel=new JLabel();
        pictureJLabel.setBounds(45,0,380,118);
        pictureJLabel.setIcon(new ImageIcon("pic.gif"));
        contentPane.add(pictureJLabel);

        nameJLabel=new JLabel("姓    名：");
        nameJLabel.setBounds(20,12,80,25);
        userJPanel.add(nameJLabel);

        passwordJPasswordField=new JPasswordField();
        passwordJPasswordField.setBounds(100,60,170,25);
        userJPanel.add(passwordJPasswordField);

        passwordJLabel=new JLabel("密    码：");
        passwordJLabel.setBounds(20,60,80,25);
        userJPanel.add(passwordJLabel);

        note=new JLabel("密码与用户名相同");
        note.setBounds(0,295,180,25);
        add(note);
```

```java
okJButton=new JButton("登    录");
okJButton.setBounds(60,250,80,25);
contentPane.add(okJButton);
okJButton.addActionListener(new ActionListener() {
    public void actionPerformed(ActionEvent event) {
        okJButtonActionPerformed(event);
    }
});

cancelJButton=new JButton("取    消");
cancelJButton.setBounds(210,250,80,25);
contentPane.add(cancelJButton);
cancelJButton.addActionListener(

new ActionListener() {
    public void actionPerformed(ActionEvent event) {
        System.exit(0);
    }
});

setTitle("登录窗口");
setSize(380,350);
setResizable(false);         //将最大化按钮设置为不可用
}

private void okJButtonActionPerformed(ActionEvent event) {
    //okJButton 响应事件,检查用户名和密码的匹配
    name1=nameJComboBox.getSelectedItem().toString();
    if (name1.equals("admin")) {
        if (passwordJPasswordField.getText().equals("admin")) {
            showNewWindow();
            setVisible(false);
        } else {
    JOptionPane.showMessageDialog(this,"密码错误,拒绝登录","密码错误!",
            JOptionPane.ERROR_MESSAGE);
        }
    } else if (name1.equals("aloie")) {
        if (passwordJPasswordField.getText().equals("aloie")) {
            showNewWindow();
            setVisible(false);
        } else {
    JOptionPane.showMessageDialog(this,"密码错误,拒绝登录","密码错误!",
            JOptionPane.ERROR_MESSAGE);
        }
```

```
        }
    }

    public void showNewWindow() {
        JFrame jf=new JFrame("main Frame");
        jf.setSize(500,400);
        jf.setVisible(true);
        jf.setDefaultCloseOperation(JFrame.EXIT_ON_CLOSE);
    }

    public static void main(String[] args) {
        JFrame.setDefaultLookAndFeelDecorated(true);
        Login mylogin=new Login();
        mylogin.setVisible(true);
        mylogin.setDefaultCloseOperation(JFrame.EXIT_ON_CLOSE);
    }
}
```

运行结果：

运行结果如图 10-28 所示。

图 10-28 例 10-22 的运行结果

10.8 小　　结

图形用户界面是 Java 程序设计中最为丰富和庞大的章节之一。本章根据图形用户界面的程序设计流程，重点介绍了 AWT 和 Swing、容器、组件、事件，以及图形处理。需要重点掌握的内容如下。

（1）AWT 和 Swing 的区别和联系。

（2）应用 JFrame 和 JPanel。

（3）Swing 的各种组件。

（4）事件处理机制。

（5）图形的绘制。

10.9 课后习题

1. java.awt 包提供了基本的 Java 程序的 GUI 设计工具,包含控件、容器和（   ）。
   A. 布局管理器　　　　　　　　　　　B. 数据传送器
   C. 图形和图像工具　　　　　　　　　D. 用户界面构件
2. 事件处理机制能够让图形界面响应用户的操作,主要包括（   ）。
   A. 事件　　　　　　　　　　　　　　B. 事件处理
   C. 事件源　　　　　　　　　　　　　D. 以上都是
3. Window 是显示屏上独立的本机窗口,它独立于其他容器,Window 的两种形式是（   ）。
   A. Frame 和 Dialog　　　　　　　　B. Panel 和 Frame
   C. Container 和 Component　　　　D. LayoutManager 和 Container
4. Swing 采用的设计规范是（   ）。
   A. 视图—模式—控制　　　　　　　　B. 模式—视图—控制
   C. 控制—模式—视图　　　　　　　　D. 控制—视图—模式
5. 下列不属于 java.event 包中定义的事件适配器的是（   ）。
   A. 构件适配器　　　　　　　　　　　B. 焦点适配器
   C. 键盘适配器　　　　　　　　　　　D. 标签适配器
6. 所有 Swing 构件都实现了（   ）接口。
   A. ActionListener　　　　　　　　　B. Serializable
   C. Accessible　　　　　　　　　　　D. MouseListener
7. 抽象窗口工具包（   ）是 Java 提供的建立图形用户界面 GUI 的开发包。
   A. AWT　　　　　　　　　　　　　　B. Swing
   C. Java.io　　　　　　　　　　　　D. Java.lang
8. 在 Java 编程中,Swing 包中的组件处理事件时,下面正确的是（   ）。
   A. Swing 包中的组件也是采用事件的授权处理模型来处理事件的
   B. Swing 包中的组件产生的事件类型,也都带有一个 J 字母,如 JMouseEvent
   C. Swing 包中的组件也可以采用事件的传递处理机制
   D. Swing 包中的组件所对应的事件适配器也是带有 J 字母的,如 JMouseAdapter
9. 关于使用 Swing 的基本规则,下列说法正确的是（   ）。
   A. Swing 构件可直接添加到顶级容器中
   B. 要尽量使用非 Swing 的重要级构件
   C. Swing 的 Jbutton 不能直接放到 Frame 上
   D. 以上说法都对
10. （   ）布局管理器使容器中各个构件呈网格布局,平均占据容器空间。
    A. FlowLayout　　　　　　　　　　B. BorderLayout
    C. GridLayout　　　　　　　　　　D. CardLayout

11. 请给出如下程序所实现的功能，并对代码进行必要解释：

```java
import javax.swing.*;
import java.awt.*;
import java.awt.event.*;
import java.lang.reflect.*;

public class Test {

    static class BarThread extends Thread {
        private static int DELAY=500;
        JProgressBar progressBar;

        public BarThread(JProgressBar bar) {
            progressBar=bar;
        }

        public void run() {
            int minimum=progressBar.getMinimum();
            int maximum=progressBar.getMaximum();
            Runnable runner=new Runnable() {
                public void run() {
                    int value=progressBar.getValue();
                    progressBar.setValue(value+1);
                }
            };
            for (int i=minimum;i<maximum;i++) {
                try {
                    SwingUtilities.invokeAndWait(runner);
                    Thread.sleep(DELAY);
                } catch (InterruptedException ignoredException) {
                } catch (InvocationTargetException ignoredException) {
                }
            }
        }
    }

    public static void main(String args[]) {
        final JProgressBar aJProgressBar=new JProgressBar(0,100);
        final JButton aJButton=new JButton("Start");

        aJProgressBar.setStringPainted(true);
        aJProgressBar.setIndeterminate(false);

        ActionListener actionListener=new ActionListener() {
            public void actionPerformed(ActionEvent e) {
```

```
                aJButton.setEnabled(false);
                Thread stepper=new BarThread(aJProgressBar);
                stepper.start();
            }
        };

        aJButton.addActionListener(actionListener);

        JFrame theFrame=new JFrame("Test");
        theFrame.setDefaultCloseOperation(JFrame.EXIT_ON_CLOSE);
        Container contentPane=theFrame.getContentPane();
        contentPane.setLayout(new GridLayout(2,1));
        contentPane.add(aJProgressBar);
        contentPane.add(aJButton);
        theFrame.setSize(300,100);
        theFrame.setVisible(true);
    }
}
```

12. 根据要求设计程序。
(1) 设计三个可以通过点击相互切换的标签。
(2) 每个标签下有一个面板。
(3) 面板的颜色分别为黄、绿、蓝。

13. 根据要求设计程序。
(1) 做两个文本框和一个按钮。
(2) 两个文本框内可以输入[100,200]内的数字。
(3) 单击按钮可以输出两个文本框的数值之和。
运行结果如图10-29所示。

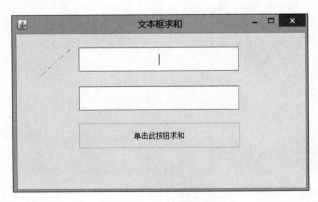

图10-29　运行结果图

第 11 章 集 合 框 架

学习目的与要求

本章将主要介绍 Java 语言中的集合框架(collection framework)。集合框架设计是严格按照面向对象的思想进行设计的,它对上述所提及的抽象数据结构和算法进行了封装。

本章主要内容
(1) 理解集合框架的基本概念。
(2) 熟悉所有的集合接口。
(3) 集合的应用。
(4) 列表的应用。
(5) 映射的应用。

11.1 基 本 概 念

集合框架可以理解为一个容器,该容器主要指映射(map)、集合(set)、数组(array)和列表(list)等抽象数据结构。该框架均提供有相应的 API,而且该框架的 Java 类还封装了这些抽象数据结构的实现,减轻了程序员编程时的负担。当然,程序员也可以根据自己的需求定义自己的数据结构,从而满足自己的需求。

从本质上来说,Java 集合框架的主要组成是用来操作对象的接口。不同接口描述不同的数据类型。因此,理解了接口也就理解了 Java 集合框架。

11.2 基本的集合接口

Java 集合框架所提供的核心接口之间的分类和继承关系如图 11-1 和图 11-2 所示。

图 11-1 Collection 接口

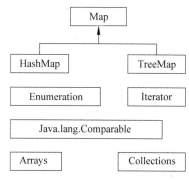

图 11-2 其他类型接口

通过图 11-1 可以看出，Collection 接口是最基本的接口，它定义了 List 和 Set，List 又定义了 LinkList 和 ArrayList，Set 定义了 HashSet 和 TreeSet。图 11-2 中的接口与图 11-1 中的 Collection 接口没有任何继承关系，这些接口都包括了 Map、Enumeration、Iterator、Arrays 等数据结构。下面对其进行简要的介绍。

（1）Collection 接口：用于表示任何对象或元素组。想要尽可能以常规方式处理一组元素时，就使用这一接口。

（2）List 接口：List 接口继承了 Collection 接口以定义一个允许重复项的有序集合。该接口不但能够对列表的一部分进行处理，还添加了面向位置的操作。

① LinkedList 类：LinkedList 类添加了一些处理列表两端元素的方法。

② ArrayList 类：ArrayList 类封装了一个动态再分配的 Object[]数组。

（3）Set 接口：Set 接口继承 Collection 接口，而且它不允许集合中存在重复项，每个具体的 Set 实现类依赖添加的对象的 equals()方法来检查独一性。Set 接口没有引入新方法，所以 Set 就是一个 Collection，只不过其行为不同。

① HashSet 类：HashSet()——构建一个空的哈希集。

② TreeSet 类：TreeSet()——构建一个空的树集。

（4）Map 接口：Map 接口不是 Collection 接口的继承。Map 接口用于维护键/值对 (key/value pairs)。该接口描述了从不重复的键到值的映射。

① HashMap 类：为了优化 HashMap 空间的使用，可以调用初始容量和负载因子。

② TreeMap 类：TreeMap 没有调用选项，因为该树总处于平衡状态。

（5）Iterator 接口：Collection 接口的 iterator()方法返回一个 Iterator。Iterator 接口方法能以迭代方式逐个访问集合中各个元素，并安全地从 Collection 中除去适当的元素。

11.3 集　　合

Set 接口是 Collection 的子接口，Set 接口没有提供新增的方法，但实现 Set 接口的容器中元素是没有顺序的且不可以重复。Set 容器可以与数学中的集合概念相对应。JDK 中提供的实现 Set 接口的类有 HashSet、TreeSet 等。

1. HashSet

HashSet 是专门为快速查询而设计的一个 Set 接口的实现类，它使用散列表作为存储结构。散列表通过使用散列映射机制来新增、删除和存取集合对象元素的执行效率。

HashSet 类的应用一般格式有如下几种：

（1）HashSet()：构建一个空的哈希集。

（2）HashSet(Collection c)：构建一个哈希集，并且添加集合 c 中所有元素。

（3）HashSet(int initialCapacity)：构建一个拥有特定容量的空哈希集。

（4）HashSet(int initialCapacity，float loadFactor)：构建一个拥有特定容量和加载因子的空哈希集，LoadFactor 是 0.0～1.0 之间的一个数。

【例 11-1】　HashSetTest.java。

```
import java.util.HashSet;
import java.util.Iterator;
```

```java
public class HashSetTest {
    public static void main(String[] args) {
        HashSet<String> myset=new HashSet<String>();
        myset.add("Hello");
        myset.add("World");
        myset.add("my");
        myset.add("friend");
        Iterator<String> it=myset.iterator();
        while (it.hasNext())
            System.out.print(it.next()+" ");
        System.out.println();
        myset.remove("How");
        myset.add("!!!");
        it=myset.iterator();
        while (it.hasNext())
            System.out.print(it.next()+" ");
    }
}
```

运行结果：

```
World my friend Hello
!!! World my friend Hello
```

2. TreeSet

TreeSet 是 SortedSet 接口的一个实现类。TreeSet 的主要特点是采用红黑树结构作为存储结构。在存储了大量需要进行快速检索的排序信息情况下，TreeSet 是一个很好的选择。

TreeSet 类的应用一般格式有如下几种。

(1) TreeSet()：构建一个空的树集。

(2) TreeSet(Collection c)：构建一个树集，并且添加集合 c 中所有元素。

(3) TreeSet(Comparator c)：构建一个树集，并且使用特定的比较器对其元素进行排序。

【例 11-2】 TreeSetTest.java。

```java
import java.util.TreeSet;

class TreeSetTest {
    public static void main(String[] args) {
        TreeSet ts=new TreeSet();

        ts.add(new Student("张三",23));
        ts.add(new Student("李四",29));
        ts.add(new Student("王五",25));
        ts.add(new Student("赵六",24));
```

```java
            System.out.println(ts);
        }
    }

    class Student implements Comparable {
        private int age;
        private String name;

        Student(String name,int age) {
            this.age=age;
            this.name=name;
        }

        public int compareTo(Object obj) {

            Student stu=(Student) obj;

            int num=new Integer(this.age).compareTo(new Integer(stu.age));

            return num==0 ? this.name.compareTo(stu.name) : num;

        }

        public int getAge() {
            return age;
        }

        public String toString() {
            return name+"::"+age;
        }
    }
```

运行结果：

[张三::23, 赵六::24, 王五::25, 李四::29]

11.4 列　　表

List 接口扩充了 Collection,声明了一个允许有重复元素的有序集合。它以线性方式存储元素,当要插入一个新元素时,将其放在列表的末尾。当从表中删除一个元素时,其后的元素会被前移,即 List 接口以插入的先后次序来放置元素。实现 List 接口的常用类有 LinkedList、ArrayList 等。

1. LinkedList

LinkedList 是 List 接口的双向链表实现。它允许存储包括 null 在内的所有元素。其内部实现是列表,它适用于在链表中间需要频繁进行插入和删除操作的应用。LinkedList类添加了一些处理列表两端元素的方法。

(1) void addFirst(Object o):将对象 o 添加到列表的开头。
(2) void addLast(Object o):将对象 o 添加到列表的结尾。
(3) Object getFirst():返回列表开头的元素。
(4) Object getLast():返回列表结尾的元素。
(5) Object removeFirst():删除并且返回列表开头的元素。
(6) Object removeLast():删除并且返回列表结尾的元素。
(7) LinkedList():构建一个空的链接列表。
(8) LinkedList(Collection c):构建一个链接列表,并且添加集合 c 的所有元素。

【例 11-3】 LinkedListTest.java。

```java
import java.util.LinkedList;

public class LinkedListTest {
    LinkedList linkList=new LinkedList<Object>();

    public void push(Object object) {
        linkList.addFirst(object);
    }

    public boolean isEmpty() {
        return linkList.isEmpty();
    }

    public void clear() {
        linkList.clear();
    }

    public Object pop() {
        if (!linkList.isEmpty())
            return linkList.removeFirst();
        return "栈内无元素";
    }

    public int getSize() {
        return linkList.size();
    }

    public static void main(String[] args) {
        LinkedListTest myStack=new LinkedListTest ();
        System.out.println("入栈: (1,2,3,4,5,6,7)");
        myStack.push(1);
        myStack.push(2);
```

```java
            myStack.push(3);
            myStack.push(4);
            myStack.push(5);
            myStack.push(6);
            myStack.push(7);
            System.out.print("出栈: ");
            for (int i=0;i<8;i++) {
                System.out.println(myStack.pop());
            }
        }
    }
```

运行结果：

入栈：(1,2,3,4,5,6,7)
出栈：7
6
5
4
3
2
1
栈内无元素

2. ArrayList

Arraylist 是 List 接口的实现，支持大小可变的数组，它允许存储包括 null 在内的所有元素。其存储元素的方式类似数组，元素使用索引位置依序存入，只需将元素插入 ArrayList 对象，并且不用事先声明 ArrayList 对象的容量。如果希望随机访问有序集合中的任何一个元素时，在插入前可以调用 ensureCapacity()方法来增加 ArrayList 的容量。

void ensureCapacity(int minCapacity)：将 ArrayList 对象容量增加 minCapacity。

【例 11-4】 ArrayListTest.java。

```java
import java.util.*;
import java.util.ArrayList;
import java.util.Collections;
import java.util.Comparator;

class Person {
    String name;
    int age;

    public Person(String name,int age) {
        this.name=name;
        this.age=age;

    }
```

```java
    public int getAge() {
        return age;
    }

    public void setAge(int age) {
        this.age=age;
    }

    public String getName() {
        return name;
    }

    public void setName(String name) {
        this.name=name;
    }
}

class Mycomparator implements Comparator {
    public int compare(Object o1,Object o2) {
        Person p1=(Person) o1;
        Person p2=(Person) o2;
        if (p1.age<p2.age)
            return 1;
        else
            return 0;
    }
}

public class ArrayListTest {
    public static void main(String[] args) {
        ArrayList list=new ArrayList();
        list.add(new Person("张三",22));
        list.add(new Person("李四",23));
        list.add(new Person("王五",24));
        Comparator comp=new Mycomparator();
        Collections.sort(list,comp);
        for (int i=0;i<list.size();i++) {
            Person p=(Person) list.get(i);
            System.out.println(p.getName());
        }

    }
}
```

运行结果：

王五
李四
张三

11.5 映 射

Map 接口没有继承 Collection 接口，它是一种特殊的集合接口。Map 提供了一个更通用的元素存储方法。

Java 集合框架中，键到值的映射是应用 Map.Entry 接口来封装每一个＜键，值＞对实现的，这样 Map 中的元素就变成了 Map.Entry 的集。通过这个集合的迭代器，可以获得每一个条目（唯一获取方式）的键或值并对值进行更改。当条目通过迭代器返回后，除非是迭代器自身的 remove() 方法或者迭代器返回的条目的 setValue() 方法，其余对源 Map 外部的修改都会导致此条目集变得无效，同时产生条目行为未定义。

Map 中比较常用的实现有 HashMap、TreeMap 等。

1. HashMap

HashMap 是 Map 接口的哈希表实现，此实现提供所有可选的映射操作，并允许使用 null 值和 null 键。HashMap 类的应用有如下几种方式。

(1) HashMap()：构建一个空的哈希映像。

(2) HashMap(Map m)：构建一个哈希映像，并且添加映像 m 的所有映射。

(3) HashMap(int initialCapacity)：构建一个拥有特定容量的空的哈希映像。

(4) HashMap(int initialCapacity, float loadFactor)：构建一个拥有特定容量和加载因子的空的哈希映像。

【例 11-5】 HashMapTest.java。

```java
import java.util.HashMap;

public class HashMapTest {
    private static final Integer ONE=new Integer(1);

    public static void main(String args[]) {
        HashMap m=new HashMap();
        char c[]={'张','张','王','王','王','赵','刘'};
        for (int i=0;i<c.length;i++) {
            Integer freq=(Integer) m.get(c[i]);
            m.put(c[i],freq==null ? ONE : new Integer(freq.intValue()+1));
        }
        System.out.println("不同姓氏有"+m.size()+"个");
        System.out.println(m);
    }
}
```

运行结果：

不同姓氏有 4 个
{赵=1,王=3,刘=1,张=2}

2. TreeMap

TreeMap 是 SortedMap 接口的一个实现类。它的主要特点是采用红黑树作为底层存储结构，提供了按照键排序的 Map 存储。TreeMap 类的应用有如下几种方式。

（1）TreeMap()：构建一个空的映像树。

（2）TreeMap(Map m)：构建一个映像树，并且添加映像 m 中所有元素。

（3）TreeMap(Comparator c)：构建一个映像树，并且使用特定的比较器对关键字进行排序。

（4）TreeMap(SortedMap s)：构建一个映像树，添加映像树 s 中所有映射，并且使用与有序映像 s 相同的比较器排序。

【例 11-6】 TreeMapTest.java。

```java
import java.util.TreeMap;

public class TreeMapTest {
    private static final Integer ONE=new Integer(1);

    public static void main(String args[]) {
        TreeMap m=new TreeMap();
        char c[]={'张','张','王','王','王','赵','刘'};
        for (int i=0;i<c.length;i++) {
            Integer freq=(Integer) m.get(c[i]);
            m.put(c[i],freq==null ? ONE : new Integer(freq.intValue()+1));
        }
        System.out.println("不同姓氏有"+m.size()+"个");
        System.out.println(m);
    }
}
```

运行结果：

不同姓氏有 4 个
{赵=1,王=3,刘=1,张=2}

11.6　枚举和迭代

11.6.1 枚举

Enumeration 接口本身不是一个数据结构，但是，对其他数据结构非常重要。Enumeration 接口定义了从一个数据结构得到连续数据的手段。例如，Enumeration 定义了一个名为 nextElement 的方法，可以用来从含有多个元素的数据结构中得到下一个元素。Enumeration

接口提供了一套标准的方法,由于 Enumeration 是一个接口,它的角色局限于为数据结构提供方法协议。

【例 11-7】 EnumerationTest.java。

```java
import java.util.Enumeration;
import java.util.Vector;

public class EnumerationTest {
    public static void main(String args[]) {
        Vector v=new Vector();
        v.addElement("张");
        v.addElement("王");
        v.addElement("刘");
        v.addElement("赵");
        Enumeration e=v.elements();
        while (e.hasMoreElements()) {
            System.out.println(e.nextElement());
        }
    }
}
```

运行结果:

张
王
刘
赵

11.6.2 迭代

Iterator 表示的是迭代器,用于对容器的遍历。它是一个接口,封装了遍历容器所需要的方法,然后通过各个类型的容器里的 iterator()方法返回对应这个容器的 iterator()对象。

使用迭代器的步骤如下。

(1) 调用 iterator()获得集合的 Iterator。

(2) 使用循环不断调用 hasNext()方法,判断是否还有元素。

(3) 在循环体内,调用 next()方法获取每个元素。

【例 11-8】 Iterator.java。

```java
import java.util.ArrayList;
import java.util.Collection;
import java.util.Iterator;

public class Iterator {
    public static void main(String[] args) {
        Collection<String>c=new ArrayList<String>();
        c.add("张");
```

```java
        c.add("刘");
        c.add("王");
        c.add("赵");
        c.add("孙");
        c.add("李");

        Iterator<String>it=c.iterator();

        while (it.hasNext()) {
            System.out.println(it.next());
        }

        System.out.println("***********");

        Iterator<String>it2=c.iterator();

        for (;it2.hasNext();) {
            String s=it2.next();
            if (s.equals("0002")) {
                it2.remove();
            } else {
                System.out.println(s);
            }

        }

    }
}
```

运行结果：

张
刘
王
赵
孙
李
****
张
刘
王
赵
孙
李

11.7 小　　结

本章针对 Java 集合框架做了简单介绍，Java 集合框架内容丰富，应用广泛，不能一一列出解释。需要重点掌握的内容如下。

(1) Collection 接口。
(2) 集合(Set)的应用。
(3) 列表(List)的应用。
(4) 映射(Map)的应用。
(5) 迭代器的使用。

11.8　课后习题

1. 给出如下程序，正确答案是(　　)。

```
import java.util.ArrayList;
import java.util.HashSet;
import java.util.List;
import java.util.Set;

public class Test {
    public static void main(String args[]) {
        List list=new ArrayList();
        list.add("Hello");
        list.add("Learn");
        list.add("Hello");
        list.add("Welcome");
        Set set=new HashSet();
        set.addAll(list);
        System.out.println(set.size());
    }
}
```

A. 编译不通过

B. 编译通过，运行时异常

C. 编译运行都正常，输出 3

D. 编译运行都正常，输出 4

2. 有如下代码：

```
import java.util.ArrayList;
import java.util.Iterator;
import java.util.List;

public class Test {
```

```java
    public static void main(String args[]) {
        List list=new ArrayList();
        list.add("Hello");
        list.add("World");
        list.add(1,"Learn");
        list.add(1,"Java");
        printList(list);
    }

    public static void printList(List list) {
        //补充
        for (int i=0;i<list.size();i++) {
            System.out.println(list.get(i));
        }

        for (Object o : list) {
            System.out.println(o);
        }

        Iterator itor=list.iterator();
        while (itor.hasNext()) {
            System.out.println(itor.next());
        }
    }
}
```

要求：

(1) 把"//补充"处的代码补充完整，要求输出 list 中所有元素的内容。

(2) 写出程序执行的结果。

(3) 如果把实现类由 ArrayList 换为 LinkedList，应该改哪里？ArrayList 和 LinkedList 在使用上有什么区别？在实现上有什么区别？

(4) 如果要把实现类由 ArrayList 换为 Vector，应该改哪里？ArrayList 和 Vector 在使用上有什么区别？在实现上有什么区别？

3. HashMap 与 HashTable 有什么区别？

4. 什么时候使用 Hashtable，什么时候使用 HashMap？

5. 写出下面程序的输出结果：

```java
import java.util.ArrayList;
import java.util.List;

class MyClass {
    int value;

    public MyClass() {
    }
```

```java
    public MyClass(int value) {
        this.value=value;
    }

    public String toString() {
        return ""+value;
    }
}

public class Test {
    public static void main(String args[]) {
        MyClass mc1=new MyClass(10);
        MyClass mc2=new MyClass(20);
        MyClass mc3=new MyClass(30);
        List list=new ArrayList();
        list.add(mc1);
        list.add(mc2);
        list.add(mc3);
        MyClass mc4=(MyClass) list.get(1);
        mc4.value=50;
        for (int i=0;i<list.size();i++) {
            System.out.println(list.get(i));
        }
    }
}
```

6. 经典习题：将一个数组逆序输出。

第 12 章 网 络 编 程

学习目的与要求

Java 语言在网络编程方面提供了很多方便,使用 Java 进行网络编程是一件非常简单的事情。Java 语言提供了两个强大的网络支持机制:访问网络资源的 URL 类和网络通信的 Socket 类。

本章主要内容

(1) 了解网络的一系列基本概念。
(2) URL 编程的应用。
(3) TCP 编程的应用。
(4) UDP 编程的应用。

12.1 网络基本知识

12.1.1 计算机网络基本概念

计算机网络是指将地理位置不同的具有独立功能的多台计算机及其外部设备,通过通信线路连接起来,在网络操作系统、网络管理软件及网络通信协议的管理和协调下,实现资源共享和信息传递的计算机系统。

目前有两类非常重要的体系结构:OSI 与 TCP/IP。TCP/IP 协议族的体系结构如图 12-1 所示。

应用层	Telnet、Ftp、Http、DNS 等
传输层	TCP、UDP 等
网络层	IP、ICMP、IGMP 等
网络接口和物理层	以太网、令牌环网、FDDI 等

图 12-1 TCP/IP 协议族的体系结构

在正式开始学习 Java 网络编程之前,要理解计算机网络的几个重要概念,包括 IP 地址、端口、协议、客户机与服务器工作模式等相关内容。

1. IP 地址

网络之间互连的协议(Internet Protocol,IP)是为计算机网络相互连接进行通信而设计的协议。在 Internet 中,它是能使连接到网络上的所有计算机实现相互通信的一套规则,规定了计算机在 Internet 上进行通信时应当遵守的规则。

目前使用的 IPv4,就是有 4 段数字,每一段最大不超过 255,例如:192.168.1.1。近十年来由于互联网的蓬勃发展,IP 位址的需求量越来越大,因此出现了 IPv6。IPv6 是下一版本的互联网协议,也可以说是下一代互联网的协议,IPv4 定义的有限地址空间将被耗尽,地址空间的不足必将妨碍互联网的进一步发展。为了扩大地址空间,拟通过 IPv6 重新定义地址空间。IPv6 采用 128 位地址长度,几乎可以不受限制地提供地址。例如,FEDC:BA98:7654:3210:FEDC:BA98:7654:3210。

2. 端口

计算机"端口"(port)可以认为是计算机与外界通信交流的出口。如果把 IP 地址比做一间房子,端口就是出入这间房子的门。真正的房子只有几个门,但是一个 IP 地址的端口可以有 65536 个。端口是通过端口号来标记的,端口号只有整数,范围是从 $0 \sim 65535(2^{16}-1)$。

常见的 Internet 服务及其对应的端口号如表 12-1 所示。

表 12-1 服务与端口对应表

服 务	端口号	服 务	端口号
FTP	21	SMTP	25
Telnet	23	NNTP	119
DNS	53	POP3	110
HTTP	80		

3. TCP 协议

所有使用或实现某种 Internet 服务的程序都必须遵从一个或多个网络协议。这种协议很多,而 IP(Internet Protocol)、传输控制协议(Transport Control Protocol,TCP)、用户数据报协议(User Datagram Protocol,UDP)是最为根本的三种协议,是所有其他协议的基础。

IP 协议是最底层的协议,它定义了数据按照数据报(Datagram)传输的格式和规则。在 Java 中不存在操作该协议的直接方法。

TCP 建立在 IP 之上(常见的缩写词 TCP/IP 的由来)。TCP 定义了网络上程序到程序的数据传输格式和规则,提供了 IP 数据包的传输确认、丢失数据包的重新请求、将收到的数据包按照它们的发送次序重新装配的机制,是一种面向连接的保证可靠传输的协议。

4. UDP 协议

数据报是一种自带寻址信息的、独立地从数据源走到终点的数据包。UDP 不保证数据的传输,也不提供重新排列次序或重新请求功能。与 TCP 的有连接相比,UDP 是一种无连接协议,两台计算机之间的传输类似于传递邮件:消息从一台计算机发送到另一台计算机,但是两者之间没有明确的连接。另外,单次传输的最大数据量取决于具体的网络。

5. C/S 工作模式

目前客户端/服务器模式(Client/Server,C/S)和浏览器/服务器模式(Browser/Server,B/S)是较为流行的网路通信模式。

客户端程序在需要服务时向服务器提出服务申请,服务器端程序则等待客户提出服务请求,并予以响应。服务器端程序始终运行,侦听网络端口,当有客户请求,就会启用一个服务进程来响应该客户端的请求,同时继续侦听网络端口,准备为其他客户请求提供服务。典型的 C/S 结构系统如 QQ、飞信等。C/S 工作模式如图 12-2 所示。

12.1.2 Java 网络编程技术

Java 语言提供了用于网络通信的 java.net 包,包含了多个用于各种标准网络协议通信

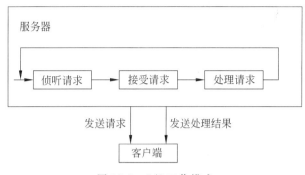

图 12-2　C/S 工作模式

的类和接口。主要有 URL 编程技术、TCP 编程技术、UDP 编程技术。

URL 表示的是 Internet 上某个资源的地址。通过 URL 标识,可以直接使用各种通信协议,如 HTTP、FTP 等获取远端计算机上的资源信息。

TCP 是可靠连接通信技术,它主要使用套接字(Socket)机制。TCP 编程技术是目前实现 C/S 工作模式应用程序的主要方式。

UDP 是无连接的快速通信技术,它使用 UDP 协议,不需要建立连接,通信时所传输的数据报能否到达目的地,到达的时间等都不能准确知道,因此,被称为无连接通信。UDP 编程技术主要用于传输一些数据量大的非关键性数据。

12.2　URL 编程

12.2.1　URL 类

前面已经介绍了 URL 的基本概念。其基本的格式如下:

protocol://hostname:/resourcename#anchor

☞注意:Protocol:使用的协议,它可以是 HTTP、FTP、News、Telnet 等;hostname:主机名,指定域名服务器(DNS)能访问到的 WWW 服务的计算机;resourcename:资源名,是主机上能访问到的目录或文件;anchor:标记,也是可选的,它指定文件中的有特定标记的位置。

为了使用 URL 通信,在 java.net 中实现了 URL 类。可以通过如下几个方法创建 URL 对象。

```
public URL (String spec);
public URL(URL context, String spec);
public URL(String protocol, String host, String file);
public URL(String protocol, String host, int port, String file);
```

一个 URL 对象创建后,便可以通过 URL 类提供的方法来获取其属性信息。一个 URL 常用的方法如下。

(1) public String getProtocol():获取该 URL 的协议名。

(2) public String getHost():获取该 URL 的主机名。

(3) public int getPort()：获取该 URL 的端口号，如果没有设置端口，返回-1。
(4) public String getPath()：获取该 URL 的路径。

【例 12-1】 URLTest.java。

```java
import java.net.*;
import java.io.*;

public class URLTest //extends Applet
{
    public void testOperate() {
        try {
            InetAddress address=InetAddress.getLocalHost();
            log("本机地址字符串:"+address.getHostAddress());
            log("本机主机名:"+address.getHostName());
            log("本机主机名:"+address.getLocalHost());
            log("哈希码:"+address.hashCode());
            byte b[]=address.getAddress();
            System.out.println("字符形式:"+b);
            log("地址字符串:"+address.toString());
        } catch (Exception e) {
            //e.printStackTrace("不能打开这个 URL");
        }
    }

    public void log(String strInfo) {
        System.out.println(strInfo);
    }

    public static void main(String args[]) {
        URLTest IAdd=new URLTest ();
        IAdd.testOperate();
    }
}
```

运行结果：

本机地址字符串:192.168.1.100
本机主机名:zxc-pc
本机主机名:zxc-pc/192.168.1.100
哈希码:-1062731420
字符形式:[B@de6ced
地址字符串:zxc-pc/192.168.1.100

12.2.2 URLConnection 类

使用 URLConnection 类可实现同网络资源的双向通信。类 URLConnection 定义在包

java.net 里,它表示 Java 程序和 URL 在网络上的通信连接。当与一个 URL 建立连接时,首先要在一个 URL 对象上通过方法 openConnection()生成对应的 URLConnection 对象。URLConnection 是以 HTTP 协议为中心的类,其中很多方法只有在处理 HTTP 的 URL 时才起作用。利用 URLConnection 类对象向 URL 对象发送服务请求进行通信的实现步骤如下。

(1) 创建 URL 对象。

(2) 调用 URL 对象的 OpenConnection()方法打开一个到 URL 的连接,返回相应的 URLConnection 类对象。

(3) 从 URLConnection 对象获取其连接的输出流,该输出流就是连接到服务器上 CGI 的标准输入流,通过这个输出流向服务器发送数据。

(4) 向这个输出流写入数据,写入结束后关闭输出流。

(5) 从 URLConnection 对象获取其连接的输入流,该输入流就是连接到服务器上 CGI 的标准输出流,通过这个输出流读取服务器发送的数据,最后关闭输入流。

【例 12-2】 URLConnectionTest.java。

```java
import java.io.IOException;
import java.net.URL;
import java.net.URLConnection;
import java.util.Scanner;

public class URLConnectionTest {
    public static void main(String[] args) {
        try {
            //步骤 1
            URL url=new URL("http://www.baidu.com");
            //步骤 2
            URLConnection connection=url.openConnection();
            //步骤 3
            connection.setDoInput(true);
            connection.setDoOutput(true);
            //步骤 4
            connection.connect();
            //步骤 5
            System.out.println(connection.getContentType());
            System.out.println(connection.getContentEncoding());
            System.out.println(connection.getContentLength());
            System.out.println(connection.getDate());
            Scanner in=new Scanner(connection.getInputStream());
            while (in.hasNextLine())
                System.out.println(in.nextLine());
        } catch (IOException e) {
            e.printStackTrace();
        }
    }
}
```

运行结果：

显示百度主页的信息，部分内容如图 12-3 所示。

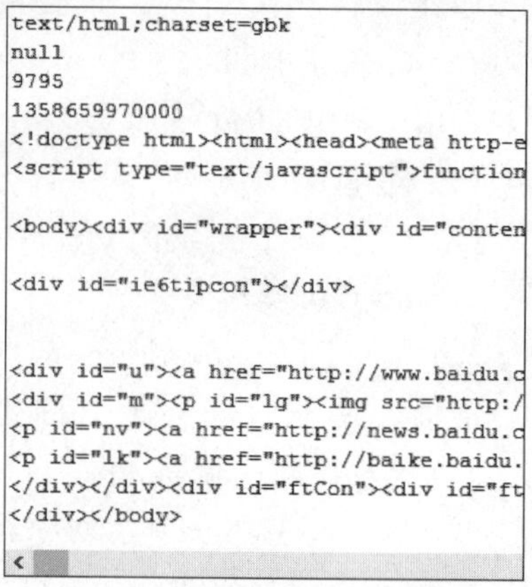

```
text/html;charset=gbk
null
9795
1358659970000
<!doctype html><html><head><meta http-e
<script type="text/javascript">function

<body><div id="wrapper"><div id="conten

<div id="ie6tipcon"></div>


<div id="u"><a href="http://www.baidu.c
<div id="m"><p id="lg"><img src="http:/
<p id="nv"><a href="http://news.baidu.c
<p id="lk"><a href="http://baike.baidu.
</div></div><div id="ftCon"><div id="ft
</div></body>
```

图 12-3 例 12-2 的运行结果

程序说明：

URLConnection 类是一个抽象类，定位到资源后可以读取资源内容且获得头信息，同时也可以用来提交表单数据，该实例实现的是获取资源及头信息。程序按照 URLConnection 类对象向 URL 对象发送服务请求进行通信的步骤来实现。

12.2.3 InetAddress 类

java.net 包中的 InetAddress 类对象包含一个 Internet 主机地址的域名和 IP 地址。InetAddress 类没有构造方法，要创建该类的对象，可以通过该类的静态方法获得。常用的静态方法如下。

(1) public static InetAddress getByName(String host)：获取主机 host 的 InetAddress 对象。

(2) public static InetAddress getBLocalHost()：获取本机的 InetAddress 对象。

【例 12-3】 InetAddressTest.java。

```
import java.io.IOException;
import java.net.InetAddress;
import java.net.UnknownHostException;

public class InetAddressTest {
    public static void main(String[] args) {
        InetAddress localhost=null;
        InetAddress remote=null;
        try {
            localhost=InetAddress.getLocalHost();
            System.out.println(localhost.getHostName());
            System.out.println(localhost.getHostAddress());
            System.out.println(localhost.isReachable(5000));
            remote=InetAddress.getByName("www.baidu.com");
            System.out.println(remote.getHostAddress());
            System.out.println(remote.getHostName());
            System.out.println(remote.isReachable(5000));
        } catch (UnknownHostException e) {
            e.printStackTrace();
        } catch (IOException e) {
            e.printStackTrace();
        }
    }
}
```

运行结果：

```
zxc-pc
192.168.1.100
true
115.239.210.27
www.baidu.com
false
```

12.3 TCP 编 程

12.3.1 Socket 类

Socket 类用代码通过主机操作系统的本地 TCP 栈进行通信,其构造方法如下。

(1) public Socket(String host,int port)：host 是服务器的 IP 地址,port 是一个端口号。此方法创建一个服务器地址为 host、端口号为 port 的套接字。

(2) public Socket(InetAddress address,int port)：address 是根据 InetAddress 对象制定服务器端 IP 地址。此方法创建一个主机地址为 address、端口号为 port 的流套接字。

Socket 对象创建成功,表示客户端与服务器建立好了连接,但数据的发送和接收需要 Socket 对象调用方法 getInputStream()获得一个输入流和方法 getOutStream()获得一个输出流。这样,处理数据通信的数据就像处理 I/O 流一样了。Socket 类的其他常用方法如下。

(1) public int getLocalPort()：返回此套接字绑定的本地端口。

(2) public int getPort()：返回此套接字连接的远程端口。

(3) public boolean isBound()：返回套接字的绑定状态。

(4) public void connect(SocketAddress endpoint,int timeout)：将此套接字连接到服务器。

【例 12-4】 SocketTest.java。

```
import java.net.Socket;

public class SocketTest {
    public static void main(String args[]) {
        Socket socket;
        try {
            socket=new Socket("192.168.1.1",80);
            System.out.println("是否绑定连接："+socket.isBound());
            System.out.println("本地端口："+socket.isBound());
            System.out.println("连接服务器的端口："+socket.isBound());
            System.out.println("连接服务器的地址："+socket.isBound());
            System.out.println("远程服务器的套接字："+socket.isBound());
            System.out.println("是否处于连接状态："+socket.isBound());
            System.out.println("客户套接字详情："+socket.isBound());
```

```
            } catch (Exception e) {
                System.out.println("服务器没有启动");
            }
        }
    }
```

运行结果：

是否绑定连接：true
本地端口：true
连接服务器的端口：true
连接服务器的地址：true
远程服务器的套接字：true
是否处于连接状态：true
客户套接字详情：true

程序说明：

该实例中指定的 IP 地址和端口号是本机的 IP 地址和端口号，并且一定是已经启动的。如果指定的计算机没有启动，或者设置了防火墙，那么系统将抛出异常。而且，因为客户端在连接服务器时是随机使用本地端口，所以每次运行本地端口的值都有可能会不同，会随机改变。

12.3.2 ServerSocket 类

为了能使客户端成功连接到服务器，服务器必须建立一个 ServerSocket 对象，该对象通过将客户端的套接字对象和服务器端的一个套接字对象连接起来，从而达到连接的目的。其基本流程如图 12-4 所示。

ServerSocket 类的构造方法如下。

（1）ServerSocket(int port)：创建绑定到特定端口的服务器套接字。

（2）ServerSocket(int port, int backlog)：用指定的 backlog 创建服务器套接字并将其绑定到指定的本地端口。

（3）ServerSocket(int port, int backlog, InetAddress bindAddr)：使用指定的端口侦听 backlog，并根据要绑定的本地 IP 地址创建服务器。

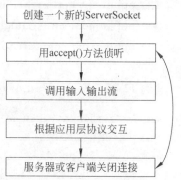

图 12-4 ServerSocket 基本流程

ServerSocket 对象创建后，就可以使用 ServerSocket 类内封装的方法，其常用的方法如下。

（1）public void bind(SocketAddress endpoint)：将 ServerSocket 绑定到特定地址。

（2）public void bind(SocketAddress endpoint, int backlog)：在有多个网卡的服务器上，将 ServerSocket 绑定到特定地址。

（3）public int getLocalPort()：返回此套接字在其上侦听的端口。

【例 12-5】 ServerSocketTest.java。

```java
import java.net.ServerSocket;

public class ServerSocketTest {
    public static void main(String args[]) {
        ServerSocket serverSocket=null;
        try {
            serverSocket=new ServerSocket(2013);
            System.out.println("服务器端口: "+serverSocket.getLocalPort());
            System.out.println("服务器地址: "+serverSocket.getInetAddress());
            System.out.println("服务器套接字: "
                    +serverSocket.getLocalSocketAddress());
            System.out.println("是否绑定连接: "+serverSocket.isBound());
            System.out.println("连接是否关闭: "+serverSocket.isClosed());
            System.out.println("服务器套接字详情: "+serverSocket.toString());
        } catch (Exception e1) {
            System.out.println(e1);
        }
    }
}
```

运行结果：

服务器端口：2013
服务器地址：0.0.0.0/0.0.0.0
服务器套接字：0.0.0.0/0.0.0.0:2013
是否绑定连接：true
连接是否关闭：false
服务器套接字详情：ServerSocket[addr=0.0.0.0/0.0.0.0,port=0,localport=2013]

程序说明：

从该实例结果可以看出服务器的地址、端口、是否绑定连接等信息。服务器的地址为 0.0.0.0/0.0.0.0，这是服务器绑定的 IP 地址，如果未绑定 IP 地址，则这个值是 0.0.0.0，在这种情况下，ServerSocket 对象将监听服务端所有网络接口的所有 IP 地址。port 永远是 0，localport 是 ServerSocket 绑定的本机端口。

12.4 UDP 编程

UDP 提供了一种不同于 TCP 的端到端服务。实际上 UDP 只实现两个功能：一是在 IP 的基础上添加了另一层地址（端口）；二是对数据传输过程中可能产生的数据错误进行了检测，并抛弃已经损坏的数据。

12.4.1 数据报通信概述

数据报（Datagrams）是指起点和目的地都使用无连接网络服务的网络层的信息单元。

基于 UDP 协议的通信和基于 TCP 协议的通信有三个方面不同。

(1) UDP 套接字在使用前不需要进行连接，TCP 协议与电话通信相似，而 UDP 协议则与邮件通信相似。

(2) UDP 套接字将保留边界信息。这个特性使应用程序在接收信息时，从某些方面来说比使用 TCP 套接字更简单。

(3) UDP 协议所提供的端到端传输服务是尽力而为(best-effort)的，即 UDP 套接字将尽可能地传送信息，但并不保证信息一定能成功到达目的地址，而且信息到达的顺序与其发送顺序不一定一致。

采用 UDP 通信机制，在发送信息时，首先将数据打包，然后将打包好的数据包发往目的地。在接收信息时，首先接收别人发来的数据包，然后查看数据包中的内容，其原理如图 12-5 所示。

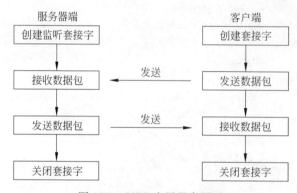

图 12-5 UDP 应用程序原理

12.4.2 DatagramPacket 类

Java 语言通过两个类来实现 UDP 协议顶层的数据报：DatagramPacket 和 DatagramSocket。要发送或接收数据报时，需要使用 DatagramPacket 类将数据打包，即用 DatagramPacket 类创建一个对象，称为数据包。DatagramPacket 类的构造方法如下。

(1) public DatagramPacket(byte buf[], int length)：构造数据包对象，用来接收长度为 length 的数据包。

(2) public DatagramPacket(byte buf[], int length, InetAddress address, int port)：构造数据包，用来将长度为 length 的包发送到指定主机上的指定端口。

(3) public DatagramPacket(byte buf[], int length, SocketAddress address)：构造数据包，用来将长度为 length 的包发送到指定主机上的指定端口。

DatagramPacket 对象创建好以后，便可以使用 DatagramPacket 类内部封装的方法，其常用方法如下。

① public synchronized getData()：返回数据缓冲区。

② public synchronized getLength()：返回将要发送或接收到的数据的长度。

③ public synchronized setData(byte buf[ ])：为此包设置数据缓冲区。

④ public synchronized setLength(int length)：为此包设置长度。

12.4.3 DatagramSocket 类

DatagramSocket 类是用来发送和接收数据报包的套接字,负责将大的数据包发送到目的地,或从目的地接收数据包。其构造方法如下。

(1) public DatagramSocket():在系统任一可用端口建立 UDP Socket 对象。

(2) public DatagramSocket(int port):在指定端口建立 UDP Socket 对象。

(3) public DatagramSocket(int port,InetAddress address):连接指定 IP 地址,并在本地指定端口建立 UDP Socket 对象。

DatagramSocket 对象创建好以后,便可以使用 DatagramSocket 类内部封装的方法,其常用方法如下。

① public void send(DatagramPacket sp):从此套接字发送数据包。

② public synchronized void receive(DatagramPacket rp):从此套接字接收数据包。

③ public void connect(InetAddress address,int port):将套接字连接到此套接字的远程地址。

④ public void disconnect():断开套接字的连接。

⑤ public void close():关闭此数据报套接字。

【例 12-6】 发送方和接收方程序。

发送方程序:Sender.java。

```
import java.net.DatagramPacket;
import java.net.DatagramSocket;
import java.net.InetAddress;

public class Sender {
    public static void main(String[] args) {
        try {
            //创建发送方的套接字,IP 默认为本地,端口号随机
            DatagramSocket sendSocket=new DatagramSocket();
            String mes="你好!接收方!";
            byte[] buf=mes.getBytes();
            int port=8810;
            InetAddress ip=InetAddress.getLocalHost();

            //创建发送类型的数据报
            DatagramPacket sendPacket=new DatagramPacket(buf,buf.length,ip,
                port);
            sendSocket.send(sendPacket);
            byte[] getBuf=new byte[1024];
            DatagramPacket getPacket=new DatagramPacket(getBuf,getBuf.length);

            //通过套接字接收数据
            sendSocket.receive(getPacket);
            String backMes=new String(getBuf,0,getPacket.getLength());
```

```java
            System.out.println("接收方返回的消息："+backMes);
            sendSocket.close();
        } catch (Exception e) {
            e.printStackTrace();
        }
    }
}
```

接收方程序：Receive.java。

```java
import java.net.DatagramPacket;
import java.net.DatagramSocket;
import java.net.InetAddress;
import java.net.SocketAddress;

public class Receive {
    public static void main(String[] args) {
        try {
            //确定接收方的IP和端口号,IP地址为本地机器地址
            InetAddress ip=InetAddress.getLocalHost();
            int port=8810;
            DatagramSocket getSocket=new DatagramSocket(port,ip);
            byte[] buf=new byte[1024];
            DatagramPacket getPacket=new DatagramPacket(buf,buf.length);

            //通过套接字接收数据
            getSocket.receive(getPacket);
            String getMes=new String(buf,0,getPacket.getLength());
            System.out.println("对方发送的消息："+getMes);
            InetAddress sendIP=getPacket.getAddress();
            int sendPort=getPacket.getPort();
            System.out.println("对方的IP地址是："+sendIP.getHostAddress());
            System.out.println("对方的端口号是："+sendPort);

            //通过数据报得到发送方的套接字地址
            SocketAddress sendAddress=getPacket.getSocketAddress();
            String feedback="接收方说：我收到了!";
            byte[] backBuf=feedback.getBytes();
            DatagramPacket sendPacket=new DatagramPacket(backBuf,
                    backBuf.length,sendAddress);
            getSocket.send(sendPacket);
            getSocket.close();
        } catch (Exception e) {
            e.printStackTrace();
        }
    }
}
```

运行结果：

分别运行 Sender.java 和 Receive.java 显示结果：

接收方返回的消息：接收方说：我收到了！

对方发送的消息：你好！接收方！
对方的 IP 地址是：192.168.1.100
对方的端口号是：52504

程序说明：

该实例通过使用 DatagramSocket 类实现了发送和接收数据包，是 UDP 编程技术的典型应用。如同简易的网络聊天工具一样，客户端 Sender 向服务器端 Receive 发送信息，服务器端 Receive 接收到信息后反馈。

12.4.4 MulticastSocket 类

单播（Unicast）、多播（Multicast）和广播（Broadcast）都是用来描述网络节点之间通信方式的术语。单播是指对特定的主机进行数据传送；多播是给一组特定的主机发送数据；广播是多播的特例，给某一个网络上的所有主机发送数据包。Java 语言中，多播通过 MulticastSocket 类来实现。其构造方法如下。

(1) public MulticastSocket()：创建多播套接字。

(2) public MulticastSocket(int port)：创建多播套接字，并将其绑定到特定端口。

(3) public MulticastSocket(SocketAddress bindaddr)：创建绑定到指定套接字地址的 MulticastSocket。

MulticastSocket 对象创建好以后，便可以使用 MulticastSocket 类内部封装的方法，其常用方法如下。

① public void joinGroup(InetAddress multicastAddress)：加入多播组。

② public void leaveGroup(InetAddress multicastAddress)：离开多播组。

③ public synchronized void send(DatagramPacket packet)：从此套接字发送数据包。

④ public synchronized void receive(DatagramPacket packet)：从此套接字接收数据包。

【例 12-7】 客户端程序和服务器端程序。

客户端程序：MCClient.java。

```
import java.net.*;

class MCClient {
    //广播地址
    private static final String BROADCAST_IP="230.0.0.1";
    //不同的 port 对应不同的 socket 发送端和接收端
    private static final int BROADCAST_INT_PORT=40005;
    MulticastSocket broadSocket;
    InetAddress broadAddress;
    DatagramSocket sender;
```

```java
public MCClient() {
    try {
        //初始化
        broadSocket=new MulticastSocket(BROADCAST_INT_PORT);
        broadAddress=InetAddress.getByName(BROADCAST_IP);
        sender=new DatagramSocket();
    } catch (Exception e) {
        System.out.println("*****lanSend初始化失败*****"+e.toString());
    }
}

void join() {
    try {
        //加入到组播地址,这样就能接收到组播信息
        broadSocket.joinGroup(broadAddress);
        //新建一个线程,用于循环侦听端口信息
        new Thread(new GetPacket()).start();
    } catch (Exception e) {
        System.out.println("*****加入组播失败*****");
    }
}

//广播发送查找在线用户
void sendGetUserMsg() {
    byte[] b=new byte[1024];
    DatagramPacket packet;
    try {
        b=("find@ "+MCServer.msg).getBytes();
        //广播信息到指定端口
        packet=new DatagramPacket(b,b.length,broadAddress,
                BROADCAST_INT_PORT);
        sender.send(packet);
        System.out.println("*****已发送请求*****");
    } catch (Exception e) {
        System.out.println("*****查找出错*****");
    }
}

//当局域网内的在线机器收到广播信息时响应并向发送广播的IP地址主机发送返还信息,
//达到交换信息的目的
void returnUserMsg(String ip) {
    byte[] b=new byte[1024];
    DatagramPacket packet;
    try {
        b=("retn@ "+MCServer.msg).getBytes();
```

```java
            packet=new DatagramPacket(b,b.length,InetAddress.getByName(ip),
                BROADCAST_INT_PORT);
            sender.send(packet);
            System.out.print("发送信息成功!");
        } catch (Exception e) {
            //TODO: handle exception
            System.out.println("*****发送返还信息失败*****");
        }
    }

    //当局域网某机子下线时,需要广播发送下线通知
    void offLine() {
        byte[] b=new byte[1024];
        DatagramPacket packet;
        try {
            b=("offl@ "+MCServer.msg).getBytes();
            packet=new DatagramPacket(b,b.length,broadAddress,
                BROADCAST_INT_PORT);
            sender.send(packet);
            System.out.println("*****已离线*****");
        } catch (Exception e) {
            //TODO: handle exception
            System.out.println("*****离线异常*****");
        }
    }

    //新建的线程,用于侦听
    class GetPacket implements Runnable {
        public void run() {
            DatagramPacket inPacket;

            String[] message;
            while (true) {
                try {
                    inPacket=new DatagramPacket(new byte[1024],1024);
                    broadSocket.receive(inPacket);

                    message=new String(inPacket.getData(),0,
                        inPacket.getLength()).split("@ ");
                    if (message[1].equals(MCServer.ip))
                        continue;
                    if (message[0].equals("find")) {
                        System.out.println("新上线主机:"+" ip: "+message[1]
                            +" 主机:"+message[2]);
                        returnUserMsg(message[1]);
```

```java
                } else if (message[0].equals("retn")) {
                    System.out.println("找到新主机: "+" ip: "+message[1]
                        +" 主机: "+message[2]);
                } else if (message[0].equals("offl")) {
                    System.out.println("主机下线: "+" ip: "+message[1]
                        +" 主机: "+message[2]);
                }

            } catch (Exception e) {
                //TODO: handle exception
                System.out.println("线程出错 "+e);
            }
        }
    }
}
```

服务器端程序: MCServer.java。

```java
import java.net.InetAddress;

public class MCServer {
    //全局变量
    public static String msg;
    public static String ip;
    public static String hostName;

    public static void main(String[] args) {
        MCClient lSend;
        try {
            InetAddress addr=InetAddress.getLocalHost();
            ip=addr.getHostAddress().toString();
            hostName=addr.getHostName().toString();
            msg=ip+"@ "+hostName;
            lSend=new MCClient();
            lSend.join();
            //广播信息,寻找上线主机交换信息
            lSend.sendGetUserMsg();
            Thread.sleep(3000);
            lSend.offLine();
        } catch (Exception e) {
            System.out.println("*****获取本地用户信息出错*****");
        }
    }
}
```

运行结果：

运行 MCClient.java 显示结果：

*****已发送请求*****

*****已离线*****

程序说明：

该实例是使用 MulticastSocket 类实现广播的一个典型实例。通过对客户端程序和服务器端程序的分别设计，实现发送请求和信息交互。

12.5 小　　结

作为 Java 程序设计教程的最后一章，网络编程从互联网的角度阐述了 Java 语言的一个重要应用方面。Java 网络编程在互联网相关的程序设计中起到举足轻重的地位，很多常用的网络软件都是使用 Java 网络编程来实现的。

本章需要重点掌握的内容如下。

（1）计算机网络相关的基本知识。

（2）URL 编程技术。

（3）TCP 编程技术。

（4）Socket 类。

（5）UDP 编程技术。

12.6 课后习题

1. 经典程序设计：海滩上有一堆桃子，五只猴子来分。第一只猴子把这堆桃子平均分为五份，多了一个，这只猴子把多的一个扔入海中，拿走了一份。第二只猴子把剩下的桃子又平均分成五份，又多了一个，它同样把多的一个扔入海中，拿走了一份，第三、第四、第五只猴子都是这样做的，问海滩上原来最少有多少个桃子？

2. 编写程序：实现 C/S 结构简单网络聊天功能。

3. 请从如下几个方面阐述 TCP 和 UDP 在程序编写上的区别。

（1）所使用的 Socket。

（2）Socket 定义的位置。

（3）是否存在监听及监听方式。

（4）输入输出流的定义。

（5）发送数据的方式。

（6）接收数据的方式。

附录 A 综合试题

A.1 单项选择题(本大题共 10 小题,每小题 1 分,共 10 分)

在每小题列出的四个备选项中只有一个是符合题目要求的,请将其代码填写在题后的括号内。错选、多选或未选均无分。

1. 下列字符组合不能作为 Java 整型常量的是( )。
   A. 078   B. 0x3ACB   C. 5000   D. 0x3ABC

2. 以下程序代码的输出结果是( )。

   ```
   int x=10;
   while (x>7)
   { System.out.print("*");x--;}
   ```

   A. **   B. ***   C. *   D. ****

3. 设类 U 声明,以及对象 u 和 v 的定义如下:

   ```
   class U{
       int x,int y;
       U(int a,int b){x=a;y=b;}
       void copy(U a){ x=a.x;y=a.y;}
       }
   U u=new U(1,2),v=new U(2,3);
   ```

   在以下供选择的代码中,可能引起系统回收内存的是( )。
   A. u.x=v.y;u.y=v.x;   B. u=v;
   C. u.copy(v);   D. v.copy(u);

4. 设有以下代码:

   ```
   String s1="123";
   String s2="123";
   String s3=new String("123");
   ```

   则表达式 s1==s2 和 s1==s3 的值分别是( )。
   A. true,true   B. false,false   C. true,false   D. false,true

5. 以下关于 AWT 与 Swing 之间关系的叙述,正确的是( )。
   A. Swing 是 AWT 的提高和扩展
   B. 在编写 GUI 程序时,AWT 和 Swing 不能同时使用
   C. AWT 和 Swing 在不同的平台上都有相同的表示
   D. AWT 中的类是从 Swing 继承的

6. 在以下 Swing 组件中,能为它指定布局管理器的是( )。
   A. JScrollBar 对象   B. JMenuBar 对象

C. JComboBox 对象　　　　　　　　D. JDialog 对象

7. 一般的绘图程序要定义一个 JPanel 子类。在 JPanel 子类中还要重定义一个方法，在这个方法中调用绘图方法，绘制各种图形。要重定义的方法是(　　)。

  A. paint()　　　　　　　　　　　B. paintComponent()
  C. repaint()　　　　　　　　　　D. update()

8. 用 Runnable 接口实现多线程的主要工作是(　　)。

  A. 声明实现 Runnable 接口的类，在类内实现 run()方法，让线程调用 start()方法
  B. 声明实现 Runnable 接口的类，在类内实现 run()方法，在类内声明线程对象，在 init()方法中创建新线程，启动新线程
  C. 声明实现 Runnable 接口的类，在类内实现 run()方法，在类内声明线程对象，在 Init()方法或 start()方法中创建新线程，在 start()方法中启动新线程
  D. 声明实现 Runnable 接口的类，在类内实现 run()方法，在 init()方法中创建新线程，在 start()方法中启动新线程

9. 程序如果要按行输入输出文件的字符流，最合理的方法是采用(　　)。

  A. BufferedReader 类和 BufferedWriter 类
  B. InputStream 类和 OutputStream 类
  C. FileReader 类和 FileWriter 类
  D. File_Reader 类和 File_Writer 类

10. 在编写访问数据库的 Java 程序中，要用到 DriverManager 类，该类的作用是(　　)。

  A. 存储查询结果
  B. 处理与数据库的连接
  C. 在指定的连接中处理 SQL 语句
  D. 处理驱动程序的加载和建立数据库连接

A.2　填空题(本大题共 10 小题，每小题 2 分，共 20 分)

请在每小题的空格中填上正确答案。错填、不填均无分。

1. Java 程序的字节码文件的扩展名是_____。
2. 构造一个 Java 表达式：y/x>5，并且 x!=0。这个表达式是_____。
3. 在类声明之前用_____修饰，声明类是不能被再继承的类，即它不能再有子类。
4. 设有字符串定义：

String s="ABCDABCD";

则表达式 s.indexOf("B")的值是_____。

5. 在实现接口 ActionListener 的方法 actionPerformed()中，常用的有两个获得事件源的方法，它们是 getActionCommand()和_____。

6. 使用单选按钮的方法是将一些单选按钮用_____对象分组，使同一组内的单选按钮只允许一个被选中。

7. 在 Java 语言中，用类 Font 对象设置字型。如果要设置的字型是细明体、正常风格 (Font.PLAIN)，12 磅字号，构造这样要求的 Font 对象 fnA 的代码是_____。

8. 线程从阻塞状态恢复到就绪状态，有三种途径：自动恢复、用 resume()方法恢复和

用_____方法恢复。

9. 为普通的 8 位字节流文件读和写操作提供支持的类是_____。

10. Connection 类是 java.sql 包中用于处理与数据库连接的类。Connection 对象是用来表示_____的对象,Java 程序对数据库的操作都在这种对象上进行。

A.3 简答题(本大题共 6 小题,每小题 3 分,共 18 分)

1. 请写出表示 year 年是闰年的 Java 表达式。闰年的条件是:每 4 年一个闰年,但每 100 年少一个闰年,每 400 年又增加一个闰年。

2. 请写出在类的方法的定义之前,加上修饰字 public、private 的区别。

3. 请写出将文本区 text 放置于滚动面板 jsp,并将滚动面板 jsp 添加到 JFrame 窗口 myFrame 的 Java 语句。

4. 要用 Graphics2D 类的方法画一个图形,首先要把参数对象 g 强制转换成 Graphics2D 对象;其次,用图形类提供的静态方法 Double() 创建一个图形对象;最后,以图形对象为参数调用 Graphics2D 对象的 draw() 方法绘制这个图形。请写出用这样的方法绘制一条线段的程序段,线段的两个端点分别是(10.0,10.0)和(30.0,30.0)。

5. 请写出字符流数据与字节流数据的区别。

6. 请写出 URLConnection 类在编写 Java 网络应用程序中的作用。

A.4 程序填空题(本大题共 5 小题,每小题 4 分,共 20 分)

1. 方法 int sigmaDigit(int n) 的功能是求出十进制整数 n 的各位数字之和。例如,n=1234,该方法的返回值是 10。

```
static int sigmaDigit( int n )
    { int sum=0,d;
      while(n>0){
          d=n%10;
          _____;
          n/=10;
      }
      _____;
    }
```

2. 以下小应用程序能响应鼠标按动的事件,当鼠标在正文区的某个位置被单击时,就在该位置显示一个记号"×",程序限制最多保留最新 20 个位置。

```
import java.applet.*;
import java.awt.*;
import javax.swing.*;
import java.awt.event.*;
class MyPanel extends JPanel {
    public void print(Graphics g,int x,int y){
        g.setColor(Color.red);
        g.drawLine(x-5,y-5,x+5,y+5);
        g.drawLine(x+5,y-5,x-5,y+5);
    }
```

```
}
class MyWindow extends JFrame implements MouseListener{
    final int MaxMarks=20;
    int currentMarks=0,markCount=0;
    Point marks[]=new Point[MaxMarks];
    MyPanel panel;
    MyWindow(){
        this.setLocation(100,100);
        this.setSize(300,300);
        Container con=this.getContentPane();
        panel=new MyPanel();con.add(panel);
        _____(this);
        this.setVisible(true);
    }
    public void paint(Graphics g){
        int i;
        g.clearRect(0,0,this.getWidth(),this.getHeight());
        for(i=0;i<markCount;i++) {
            _____(g,marks[i].x,marks[i].y);
        }
    }
    public void mousePressed(MouseEvent e){ }
    public void mouseReleased(MouseEvent e){ }
    public void mouseEntered(MouseEvent e){ }
    public void mouseExited(MouseEvent e){ }
    public void mouseClicked(MouseEvent e){
        marks[currentMarks]=new Point(e.getX(),e.getY());
        if(markCount<MaxMarks)markCount++;
        currentMarks=(currentMarks+1)%MaxMarks;
        repaint();
    }
}
public class Class1 extends Applet {
    public void init(){
        MyWindow myWndow=new MyWindow();
    }
}
```

3. 这是一个处理选择项目事件的子窗口类。窗口中有 2 个选择框，当选中某个选择框时，文本框将显示选择框对应的信息。

```
class MyWindow extends JFrame implements ItemListener {
    JTextField text;
    JCheckBox box1,box2;
    MyWindow(String s) {
        _____;
```

```
        Container con=this.getContentPane();
        this.setLocation(100,100);this.setSize(400,200);
        text=new JTextField(10);
        box1=new JCheckBox("A 计算机",false);
        box2=new JCheckBox("B 计算机",false);
        con.setLayout(new GridLayout(3,2));
        con.add( new JLabel("计算机产品介绍",JLabel.CENTER));
        add(new JLabel("计算机 2 选 1",JLabel.CENTER));
        con.add(box1);con.add(box2);con.add(text);
        box1.addItemListener(this);
        box2.addItemListener(this);
        this.setVisible(true);this.pack();
    }
    public void itemStateChanged(_____ e){
        if(e.getItemSelectable()==box1) {
            text.setText("A 公司生产");
        } else if(e.getItemSelectable()==box2) {
            text.setText("B 公司生产");
        }
    }
}
```

4. 这是一个播放幻灯片的小应用程序中的 paint()方法。设幻灯片已由小应用程序的 init()方法装入内存，并存放于 myImage 数组中，幻灯片的张数放于变量 num 中，paint()方法要播放的幻灯片号是 currentImage。

```
int currentImage=0;
final int num=30;
Image [] myImage=new _____ [num];
 ⋮
public void paint(Graphics g) {
    if ((mylmage[currentImage]) !=null)
        g._____ (myImage[currentImage],10,10,
        myImage[currentImage].getWidth(this),
        myImage[currentImage].getHeight(this),this);
}
```

5. 以下定义的类 ShareData 用于管理多个线程共享数据 val。为了保证对共享数据 val 修改的完整性，线程对 val 的操作需要互斥，类 ShareData 中定义的方法 modiData()就是供共享 val 的线程修改 val 的方法。程序共有 20 个线程共享 val,有些减少 val,有些增加 val。

```
public class Class1 {
    public static void main(String args[]){
        ShareData mrc=new ShareData(50);
        Thread[] aThreadArray=new Thread[20];
        System.out.println("\t 刚开始的值是:"+mrc.getVal());
```

```
            System.out.println("\t多个线程正在工作,请稍等!");
            for(int i=0;i<20;i++) {
                int d=i %2==0 ? 50 :-30;
                aThreadArray[i]=new Thread(new MyMultiThreadClass(mrc,d));
                aThreadArray[i].start();
            }
            WhileLoop:                       //等待所有线程结束
            while(true){
                for(int i=0;i<20;i++)
                    if(aThreadArray[i]._____ ())continue WhileLoop;
                    break;
            }
            System.out.println("\t 最后的结果是: "+mrc.getVal());
    }
}
class MyMultiThreadClass implements Runnable {
    ShareData UseInteger;int delta;
    MyMultiThreadClass(ShareData mrc,int d) {
        UseInteger=mrc;delta=d;
    }
    public void run() {
        for(int i=0;i<1000;i++) {
        UseInteger.modiData(delta);
        try {Thread.sleep(10) ;         //做一些其他的处理
        }catch(InterruptedException e){ }
        }
    }
}
class ShareData {
    int val;
    ShareData(int initValue){val=initValue;}
    int getVal(){return val;}
    private void putVal(int v){val=v;}
    _____ void modiData(int d){
        putVal(getVal()+d);
    }
}
```

A.5 程序分析题(本大题共 5 小题,每小题 4 分,共 20 分)

1. 阅读下列程序,请写出该程序的输出结果。

```
class A {
    int x,y;
    A(int a,int b) {
        x=a;y=b;
    }
```

```
}
public class sample {
    public static void main(String args[]) {
        A p1,p2;
        p2=new A(12,15);
        p1=p2;p2.x++;
        System.out.println("p1.x="+p1.x);
    }
}
```

2. 阅读下列程序,请写出调用 pascal(4)的输出结果。

```
static void pascal(int n) {
    int pas[];
    pas=new int[n];
    pas[0]=1;
    System.out.println(pas[0]);
    for (int i=2;i<=n;i++) {
    /*由存储在 pas 中的原来内容生成新内容*/
        pas[i-1]=1;
        for (int j=i-2;j>0;j--)
        pas[j]=pas[j]+pas[j-1];
        for (int j=0;j<i;j++)
        System.out.print(pas[j]+" ");
        System.out.println();
    }
}
```

3. 阅读下列程序,请用示意图画出程序运行时呈现的界面。

```
import java.applet.*;
import java.awt.*;
import javax.swing.*;
class MyPanel extends JPanel {
    JButton button;JLabel label;
        MyPanel(String s1,String s2) {
            this.setLayout(new GridLayout(2,2));
            button=new JButton(s1);
            label=new JLabel(s2,JLabel.CENTER);
            add(button);add(label);add(new JLabel());
        }
}
public class Class1 {
    public static void main(String args[]) {
        JFrame mw=new JFrame("一个示意窗口");
        mw.setSize(400,250);
        Container con=mw.getContentPane();
```

```
        con.setLayout(new BorderLayout());
        MyPanel panel1,panel2;
        panel1=new MyPanel("按钮 1","标签 1");
        panel2=new MyPanel("按钮 2","标签 2");
        JButton button=new JButton("开始按钮");
        con.add(panel1,"North");con.add(panel2,"South");
        con.add(button,"Center");
        mw.setVisible(true);
    }
}
```

4. 阅读下列程序,请回答以下问题。
(1) 程序要求在文本框 text 中输入的内容是什么?
(2) 辅助文本区 showArea 组件的作用是什么?
(3) 如何使程序开始下载网络文本文件?
(4) 程序采用什么输入方式下载网络文件?

```
import java.net.*;
import java.awt.*;
import java.awt.event.*;
import java.io.*;
import javax.swing.*;
public class Class1{
    public static void main(String args[]).
        { new ConnectNet("读取网络文本文件示意程序");}
}
class ConnectNet extends JFrame implements ActionListener{
    JTextField text=new JTextField(30);
    JTextArea showArea=new JTextArea();
    JButton b=new JButton("下载");JPanel p=new JPanel();
    ConnectNet(String s){
        super(s);Container con=this.getContentPane();
        p.add(text);p.add(b);
        JScrollPane jsp=new JScrollPane(showArea);
        b.addActionListener(this);
        con.add(p,"North");con.add(jsp,"Center");
        setDefaultCloseOperation(JFrame.EXIT_ON_CLOSE);
        setSize(500,400);setVisible(true);
    }
    public void actionPerformed(ActionEvent e){
        String urlName=text.getText();
        try{ URL url=new URL(urlName);              //由网址创建 URL 对象
            URLConnection tc=url.openConnection();  //获得 URLConnection 对象
            tc.connect();                           //设置网络连接
            InputStreamReader in=new InputStreamReader(tc.getInputStream());
```

```
            BufferedReader dis=new BufferedReader(in);String inLine;
            while((inLine=dis.readLine())!=null){showArea.append(inLine+"\n");}
            dis.close();
            }catch(MalformedURLException e2){e2.printStackTrace();}
            catch(IOException e3){ e3.printStackTrace();}
    }
}
```

5. 阅读下列程序，请写出该程序的功能。

```
import java.applet.*;
import java.awt.*;
public class Class1 extends java.applet.Applet implements Runnable {
    Thread myThread=null;
    public void start() {
        setSize(500,400);
        if (myThread==null) {
            myThread=new Thread(this);myThread.start();
        }
    }
    public void run() {
        while (myThread !=null) {
            try { myThread.sleep(500);
            } catch (InterruptedException e) { }
        repaint();
        }
    }
    public void paint(Graphics g) {
        int x=(int)(400 * Math.random());
        int y=(int)(300 * Math.random());
        g.setColor(Color.red);g.fillOval(x,y,10,10);
    }
}
```

A.6　程序设计题(本大题共 2 小题，每小题 6 分，共 12 分)

1. 编写数组复制方法。该方法从已知平衡的两维数组的左下角复制出一个非平衡的三角二维数组。设复制数组方法的模型为

```
public static double[][] leftDownConer(double[][]anArray)
```

2. 设计实现以下形式布局的 Java 小应用程序。
注 1：其中空白格是文本框，用于输入对应的内容。
注 2：这里给出的是程序的一部分，你要编写的是方法 MyWindow(String s)。

```
import java.applet.*;
import javax.swing.*;
import java.awt.*;
```

```
class MyWindow extends JFrame{
    JTextField text1,text2,text3,text4;
    public MyWindow(String s){        //这个方法是所要编写的

    }
}
public class Class1 extends Applet{
    MyWindow myWindow;
    public void init(){ myWindow=new MyWindow("一个小应用程序");}
}
```

附录 B 课后习题答案

第 1 章 课后习题参考答案

1. 指令：由操作码和操作数组成。

(1) 操作码：要完成的操作类型或性质。

(2) 操作数：操作的内容或所在的地址。

机器语言：是由 0 和 1 二进制代码按一定规则组成的、能被机器直接理解和执行的指令集合。

汇编语言：将机器指令的代码用英文助记符来表示，代替机器语言中的指令和数据。例如，用 ADD 表示加、SUB 表示减、JMP 表示程序跳转等，这种指令助记符的语言就是汇编语言。

高级语言：是用近似自然语言并按照一定的语法规则来编写程序的语言。高级语言使程序员可以完全不用与计算机的硬件打交道，可以不必了解机器的指令系统，编程效率高。

2. (1)7 (2)19 (3)51 (4)140

3. 目前 Sun 公司共提供了三种不同的版本：微平台版 J2ME(Java 2 Platform Micro Edition)、标准版 J2SE(Java 2 Platform Standard Edition)和企业版 J2EE(Java 2 Platform Enterprise Edition)，这三种版本分别适用于不同的开发规模和类型，对于普通 Java 开发人员和一般学习者来说，选用标准版 J2SE 就可以了，学会了 J2SE，再学 J2ME 或 J2EE 就比较容易上手，因为它们之间虽有所侧重，但相似之处很多，尤其是语言本身是一样的，都是 Java。

4. Java Application 的开发步骤如下。

(1) 下载 JDK 软件并安装。

(2) 配置相应的环境变量(path 和 classpath)。

(3) 编写 Java 源程序(文本编辑器或集成开发环境 IDE)。

(4) 编译 Java 源程序，得到字节码文件(javac *.java)。

(5) 执行字节码文件(java 字节码文件名)。

5.
```
public class Hello {
    public static void main(String args[])
    {
        System.out.println("Welcome ");
        System.out.println("to ");
        System.out.println("China ");
    }
}
```

第2章　课后习题参考答案

1~5：B B B D B
6~10：B A D D D
11~15：A D C B D
16~17：C C

18. 在Java语言中，标识符必须以字母、美元符号或者下划线打头，后接字母、数字、下划线或美元符号串。另外，Java语言对标识符的有效字符个数不做限定。

合法的标识符：
　　　　　　　　　　　a　　　a2　　　_a　　　$a

19. b没有赋值，程序运行错误。

20.

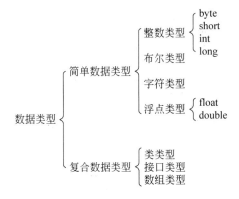

21.
(1) 算数运算符：＋、－、＊、/、％、＋＋、－－。
(2) 关系运算符：＞、＜、＞＝、＜＝、＝＝、！＝。
(3) 逻辑运算符：！、＆＆、||。
(4) 位运算符：＞＞、＜＜、＞＞＞、＆、|、^、~。
(5) 赋值运算符：＝、及其扩展赋值运算符，如＋＝。
(6) 条件运算符：？：。
(7) 其他运算符：()、[]、instanceof、new、＋。

22.

```
public class Hello {
    public static void main(String args[])
    {
        System.out.println("Welcome ");
        System.out.println("to ");
        System.out.println("xiamen ");
        System.out.println("City!");
    }
}
```

23.

```java
public class Test{
    public static void main(String[] args) {
        int a,b,c,x=100;
        while(x<1000){
            a=x%10;
            b=(x%100-a)/10;
            c=(x-x%100)/100;
            if(a*a*a+b*b*b+c*c*c==x)
                System.out.println(x);
            x+=1;
        }
    }
}
```

运行结果：

153
370
371
407

24. 输出结果：

编译时出现错误，一个文件中只能有一个 public 类。

25.

```java
import java.util.*;
public class lianxi05 {
    public static void main(String[] args) {
        int x;
        char grade;
        Scanner s=new Scanner(System.in);
        System.out.print("请输入一个成绩：");
        x=s.nextInt();
        grade=x>=90 ? 'A' : x>=60 ? 'B' :'C';
        System.out.println("等级为："+grade);
    }
}
```

第3章　课后习题参考答案

1. B
2. z=0
3. 方法二：

```java
public class test2 {
```

```
public static void main(String[] args) {
    int[] a=new int[]{2,3,5,7};
    for(int j=0;j<4;j++)
        System.out.print(a[j]+" ");
    boolean b=false;
    for(int i=11;i<100;i+=2) {
        for(int j=0;j<4;j++) {
            if(i %a[j]==0) {
                b=false;
                break;
            }
            else{
                b=true;
            }
        }
        if(b==true) {
            System.out.print(i+" ");
        }
    }
}
```

运行结果：

2 3 5 7 11 13 17 19 23 29 31 37 41 43 47 53 59 61 67 71 73 79 83 89 97

4.

```
import java.io.*;
public class test{
    public static void main(String[] args){
        int a=0;
        System.out.print("请输入数 a:");

        try{
            BufferedReader br=new BufferedReader(new InputStreamReader(System.in));
            a=Integer.parseInt(br.readLine());
        }
        catch(IOException e){

        }
        int b=0;
        System.out.print("请输入数 b:");
        try
        {
            BufferedReader br=new BufferedReader(new InputStreamReader(System.in));
            b=Integer.parseInt(br.readLine());
```

```java
        }
        catch(IOException e){

        }

        if(a<=0||b<=0)
        System.out.println("输入不合法!");
        System.out.println("最大公约数为:"+Gys(a,b));
        System.out.println("最小公倍数为:"+Gbs(a,b));
    }

    public static int Gys(int a,int b)
    {
        int r=0;
        if(a<b)
        { r=a;
          b=a;
          a=r;}
        int i=1;
        while(i!=0)
        { i=a%b;
          a=b;
          b=i;
        }
        return a;
    }

    public static int Gbs(int a,int b)
    {
        int ab=a*b;
        int r=0;
        if(a<b)
        { r=a;
          b=a;
          a=r;}
        int i=1;
        while(i!=0)
        { i=a%b;
          a=b;
          b=i;
        }
        return ab/a;
    }
}
```

运行结果：

请输入数 a：36
请输入数 b：8
最大公约数为：4
最小公倍数为：72

5.

```java
import java.util.*;
public class test {
    public static void main(String[] args) {
        getChar tw=new getChar();
        System.out.println("请输入星期的第一个大写字母：");
        char ch=tw.getChar();
        
        switch(ch) {
            case 'M':
                System.out.println("Monday");
                break;
            
            case 'W':
                System.out.println("Wednesday");
                break;
            
            case 'F':
                System.out.println("Friday");
                break;
            
            case 'T': {
                System.out.println("请输入星期的第二个字母：");
                char ch2=tw.getChar();
                if(ch2=='U') {
                    System.out.println("Tuesday");
                }
                else if(ch2=='H') {
                    System.out.println("Thursday");
                }
                else {
                    System.out.println("无此写法！");
                }
            };
            break;
            
            case 'S': {
                System.out.println("请输入星期的第二个字母：");
```

```java
                char ch2=tw.getChar();
                if(ch2=='U') {System.out.println("Sunday");}
                else if(ch2=='A') {System.out.println("Saturday");}
                else {System.out.println("无此写法!");
                }
            };
            break;
            default:System.out.println("无此写法!");
        }
    }
}

class getChar{
public char getChar() {
    Scanner s=new Scanner(System.in);
    String str=s.nextLine();
    char ch=str.charAt(0);
    if(ch<'A' || ch>'Z') {
        System.out.println("输入错误,请重新输入");
        ch=getChar();
    }
    return ch;
    }
}
```

运行结果:

请输入星期的第一个大写字母:
T
请输入星期的第二个大写字母:
H
Thursday

第4章 课后习题参考答案

1~5: D D D A D
6~10: A C A C A
11~12: A B
13. Student　String
14. class　static
15. max(i1,i2,i3)　static
16.

```java
public class test {
    public static void main(String[] args) {
```

```
        int H=7,W=7;
        for(int i=0;i<(H+1) / 2;i++) {
            for(int j=0;j<W/2-i;j++) {
                System.out.print(" ");
            }

            for(int k=1;k<(i+1) * 2;k++) {
                System.out.print('*');
            }
            System.out.println();
        }

        for(int i=1;i<=H/2;i++) {
            for(int j=1;j<=i;j++) {
                System.out.print(" ");
            }

            for(int k=1;k<=W-2 * i;k++) {
                System.out.print('*');
            }
            System.out.println();
        }
    }
}
```

第5章 课后习题参考答案

1~5：B D C A C

6~10：D C D C C

11. abstract extends new

12. 多态性

13. supper

14.

```
abstract class Shape
{
    abstract float area();
}

class Circle extends Shape
{
    public float r;
    Circle(float r)
    {
```

```
        this.r=r;
    }
    public float area()
    {
        return 3.14 * r * r;
    }
}

class Rectangle extends Shape
{
    public float width;
    public float height;
    Rectangle (float w,float h)
    {
        width=w;
        height=h;
    }
    public float area()
    {
        return width * height;
    }
}
```

第6章 课后习题参考答案

1~4：A D A A

5：A B

6~10：C A C C C

11. java.lang

12. java.lang.Object

13. java.io.Serializable

14. 多

15. 常量

16.

```
import java.awt.*;
import javax.swing.*;

public class Help {
    public void go() {
        JFrame win=new JFrame("帮助窗口");
        Container contentPane=win.getContentPane();
```

```java
        contentPane.setLayout(new GridLayout(5,1));
        JLabel labOne=new JLabel("Java 程序设计教程",JLabel.CENTER);
        JLabel labTwo=new JLabel("中国×××大学",JLabel.CENTER);
        JLabel labThree=new JLabel("计算机系",JLabel.CENTER);
        JLabel labFour=new JLabel("版权所有 2013 年 3 月",JLabel.CENTER);
        JButton queding=new JButton("确定");
        contentPane.add(labOne);
        contentPane.add(labTwo);
        contentPane.add(labThree);
        contentPane.add(labFour);
        contentPane.add(queding);
        win.setSize(200,200);
        win.setVisible(true);
    }

    public static void main(String arg[]) {
        Help fe=new Help ();
        fe.go();
    }
}
```

17.

```java
import java.util.*;
public class Test {
public static void main(String[] args) {
    double x=0,y=0;
    System.out.print("输入当月利润(万): ");
    Scanner s=new Scanner(System.in);
    x=s.nextInt();
    if(x >0 && x<=10) {
    y=x * 0.1;
    } else if(x >10 && x<=20) {
    y=10 * 0.1+(x-10) * 0.075;
    } else if(x >20 && x<=40) {
    y=10 * 0.1+10 * 0.075+(x-20) * 0.05;
    } else if(x >40 && x<=60) {
    y=10 * 0.1+10 * 0.075+20 * 0.05+(x-40) * 0.03;
    } else if(x >60 && x<=100) {
    y=20 * 0.175+20 * 0.05+20 * 0.03+(x-60) * 0.015;
    } else if(x >100) {
    y=20 * 0.175+40 * 0.08+40 * 0.015+(x-100) * 0.01;
    }
    System.out.println("应该提取的奖金是 "+y+"万");
}
}
```

运行结果：

输入当月利润(万)：150
应该提取的奖金是 7.8 万

第7章 课后习题参考答案

1. A
2. s=120
3. 110 110 110 110 110
4.

The String No.1 is
The String No.2 is String 2
The String No.3 is string
The String No.4 is string
The String No.5 is string

5. 答：String 类型的字符串是对原字符串的副本进行操作，而 StringBuffer 类型的字符串是对原字符串本身进行操作的，操作后的结果会使原字符串发生改变。

6. 答：表达式的结果是：

false
　　false
false
　　true
　　0

7. 答：程序的输出结果如下所示。

s1 为：I like cat
s2 为：I like dog
sb1 为：I like cat
sb2 为：I like dog

8. 答：语句或表达式不正确的有：

　　s3="Hello World! ";
　　StringBuffer s6=s3+s4;
　　String s5=s1-s2;
s1<=s2

9.

```
class AddClass {
    void add(int arA[][],int arB[][],int arC[][]) {
        int i,k,len1;
        int len=arA.length;
```

```java
        for (i=0;i<len;i++) {
            len1=arA[i].length;
            for (k=0;k<len1;k++)
                arC[i][k]=arA[i][k]+arB[i][k];
        }
    }
}

public class test {
    public static void main(String[] args) {
        int i,k;
        int arA[][]={ { 1,3,7,6 },{ 78,0,42,5 },{-98,7,10,-1 } };
        int arB[][]={ { 1,3,7,6 },{ 78,0,42,5 },{-98,7,10,-1 } };
        int arC[][]=new int[3][4];
        int len=arA.length,len1;
        AddClass p1=new AddClass();
        p1.add(arA,arB,arC);
        System.out.println("\tA\t\tB\t\tC");
        for (i=0;i<len;i++) {
            len1=arA[i].length;
            for (k=0;k<len1;k++)
                System.out.print(" "+arA[i][k]);       //打印第 i 行 A 矩阵
            System.out.print("\t");
            for (k=0;k<len1;k++)
                System.out.print(" "+arB[i][k]);       //打印第 i 行 B 矩阵
            System.out.print("\t");
            for (k=0;k<len1;k++)
                System.out.print(" "+arC[i][k]);       //打印第 i 行 C 矩阵
            System.out.println("\n");
        }
    }
}
```

运行结果：

```
A              B              C
1 3 7 6        1 3 7 6        2 6 14 12
78 0 42 5      78 0 42 5      156 0 84 10
-98 7 10 -1    -98 7 10 -1    -196 14 20 -2
```

10.

```java
import java.lang.System;
import java.util.*;

public class Hello {
    public static void main(String[] args) {
```

```java
        Scanner scan=new Scanner(System.in);

        System.out.println("请输入字符1");
        String str1=scan.nextLine();

        System.out.println("请输入字符2");
        String str2=scan.nextLine();

        if (str2.indexOf(str1)==-1)
            System.out.println("字符串1不是字符串2的子串");
        else
            System.out.println("字符串1是字符串2的子串");
        byte b[]=str1.getBytes();
        for (int i=0;i<str1.length();i++)
            System.out.println(b[i]);
    }
}
```

11.

```java
public class MyDemo {
    public static void main(String args[]){
        int [] data=new int[7] ;
        init(data) ;                              //将数组之中赋值
        print(data) ;
        System.out.println() ;
        reverse(data) ;
        print(data) ;
    }
    public static void reverse(int temp[]){
        int center=temp.length / 2 ;              //求出中心点
        int head=0 ;                              //表示从前开始计算脚标
        int tail=temp.length-1 ;                  //表示从后开始计算脚标
        for(int x=0 ;x<center ;x++){
            int t=temp[head] ;
            temp[head]=temp[tail] ;
            temp[tail]=t ;
            head++;
            tail--;
        }
    }
    public static void init(int temp[]){
        for(int x=0 ;x<temp.length;x++){
            temp[x]=x+1 ;
        }
    }
```

```
        public static void print(int temp[]){
            for(int x=0 ;x<temp.length ;x++){
                System.out.print(temp[x]+"、") ;
            }
        }
    }
```

12.

```
import java.util.regex.Matcher;
import java.util.regex.Pattern;

public class zxc {
    static void test() {
        Pattern p=null;
        Matcher m=null;
        boolean b=false;
        //正则表达式表示邮箱号码
        p=Pattern
                .compile("\w+([-+.]\w+)*@\w+([-.]\w+)*\.\w+([-.]\w)*");
        m=p.matcher("user@test.com");
        b=m.matches();
        System.out.println("email right: "+b);

        p=Pattern
                .compile("\w+([-+.]\w+)*@\w+([-.]\w+)*\.\w+([-.]\w+)*");
        m=p.matcher("user.test.com");
        b=m.matches();
        System.out.println("email wrong: "+b);
    }

    public static void main(String args[]) {
        test();
    }
}
```

运行结果：

email right: true
email wrong: false

第8章 课后习题参考答案

1~5：D A B D A

6. 可能产生异常

7. 子句包含捕获异常

8. 统一事后处理

9. 抛出异常

10. 声明方法可能抛出的异常类型

11. try catch finally catch

12. Java 虚拟机标准异常处理程序

13. error 表示恢复不是不可能但很困难的情况下的一种严重问题，比如说内存溢出。不可能指望程序能处理这样的情况。exception 表示一种设计或实现问题。也就是说，它表示如果程序运行正常，从不会发生的情况。

14. 返回的结果是 2

15. 返回的结果是 1

16.

```java
import java.io.File;
import java.io.FileWriter;
import java.util.Scanner;

public class test {
    public static void main(String[] args) {
        Scanner ss=new Scanner(System.in);
        String[][] a=new String[5][6];
        for (int i=1;i<6;i++) {
            System.out.print("请输入第"+i+"个学生的学号：");
            a[i-1][0]=ss.nextLine();
            System.out.print("请输入第"+i+"个学生的姓名：");
            a[i-1][1]=ss.nextLine();
            for (int j=1;j<4;j++) {
                System.out.print("请输入该学生的第"+j+"个成绩：");
                a[i-1][j+1]=ss.nextLine();
            }
            System.out.println("\n");
        }
        //以下计算平均分
        float avg;
        int sum;
        for (int i=0;i<5;i++) {
            sum=0;
            for (int j=2;j<5;j++) {
                sum=sum+Integer.parseInt(a[i][j]);
            }
            avg=(float) sum / 3;
            a[i][5]=String.valueOf(avg);
        }
        //以下写磁盘文件
        String s1;
        try {
```

```java
            File f=new File("C:\stud");
            if (f.exists()) {
                System.out.println("文件存在");
            } else {
                System.out.println("文件不存在,正在创建文件");
                //不存在则创建
                f.createNewFile();
            }
            BufferedWriter output=new BufferedWriter(new FileWriter(f));
            for (int i=0;i<5;i++) {
                for (int j=0;j<6;j++) {
                    s1=a[i][j]+"\r\n";
                    output.write(s1);
                }
            }
            output.close();
            System.out.println("数据已写入 C 盘文件 stud 中!");
        } catch (Exception e) {
            e.printStackTrace();
        }
    }
}
```

运行结果：

```
请输入第1个学生的学号：001
请输入第1个学生的姓名：张
请输入该学生的第1个成绩：95
请输入该学生的第2个成绩：92
请输入该学生的第3个成绩：96

请输入第2个学生的学号：002
请输入第2个学生的姓名：王
请输入该学生的第1个成绩：90
请输入该学生的第2个成绩：88
请输入该学生的第3个成绩：85

java.io.IOException: 拒绝访问。
        at java.io.WinNTFileSystem.createFileExclusively(Native Method)
        at java.io.File.createNewFile(Unknown Source)
        at test.main(test.java:40)
文件不存在,正在创建文件
```

第 9 章　课后习题参考答案

1~5：A D A D D

6. 实现 Runnable 接口　继承 Thread 类

7. start()　stop()

8. sleep()是线程类(Thread)的方法,导致此线程暂停执行指定时间,把执行机会给其他线程,但是监控状态依然保持,到时候会自动恢复。调用 sleep 不会释放对象锁。wait()是 Object 类的方法,对此对象调用 wait()方法导致本线程放弃对象锁,进入等待此对象的等待锁定池,只有针对此对象发出 notify 方法(或 notifyAll)后本线程才进入对象锁定池准备获得对象锁进入运行状态。

9. 如果数据在线程间共享,例如,正在写的数据以后可能被另一个线程读到,或者正在读的数据可能已经被另一个线程写过了,那么这些数据就是共享数据,必须进行同步存取。

当应用程序在对象上调用了一个需要花费很长时间来执行的方法,并且不希望让程序等待方法的返回时,就应该使用异步编程,在很多情况下采用异步途径往往更有效率。

10. 启动一个线程是调用 start()方法,使线程所代表的虚拟处理机处于可运行状态,这意味着它可以由 JVM 调度并执行,但这并不意味着线程就会立即运行。run()方法可以产生必须退出的标志来停止一个线程。

11.

```java
public class zxc {
    public static void main(String[] args) {
        SellThread st=new SellThread();
        AddThread as=new AddThread();
        new Thread(st).start();
        new Thread(st).start();
        new Thread(as).start();
        new Thread(as).start();

    }
}

class SellThread implements Runnable {
    static int Tickets=100;

    public void run() {

        while (true) {

            if (Tickets >0) {
                System.out.println(Thread.currentThread().getName()+"----"
                    +Tickets);
                Tickets--;
            }

        }

    }
}

class AddThread implements Runnable {
```

```
    public void run() {
        while (true) {
            if (SellThread.Tickets<100) {
                System.out.println(Thread.currentThread().getName()+"++++"
                        +SellThread.Tickets);
                SellThread.Tickets++;
            }
        }
    }
}
```

运行结果(部分)：

Thread-0----24
Thread-0----23
Thread-0----22
Thread-0----21
Thread-0----20
Thread-0----19
Thread-0----18
Thread-0----17

第 10 章　课后习题参考答案

1～5：A D A B B
6～10：C A A D C
11. 运行结果：

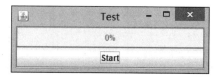

单击 Start 按钮以后：

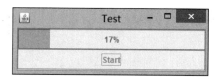

12.

```
import java.awt.Color;
import java.awt.Container;
import javax.swing.*;
```

```java
public class Test extends JFrame {
    private JTabbedPane tabbedPane;
    private JLabel label1,label2,label3;
    private JPanel panel1,panel2,panel3;

    public Test () {
        super("选项卡窗口");
        setSize(400,300);

        Container c=getContentPane();
        tabbedPane=new JTabbedPane();          //创建选项卡面板对象
        //创建标签
        label1=new JLabel("第一个标签的面板",SwingConstants.CENTER);
        label2=new JLabel("第二个标签的面板",SwingConstants.CENTER);
        label3=new JLabel("第三个标签的面板",SwingConstants.CENTER);
        //创建面板
        panel1=new JPanel();
        panel2=new JPanel();
        panel3=new JPanel();

        panel1.add(label1);
        panel2.add(label2);
        panel3.add(label3);

        panel1.setBackground(Color.yellow);
        panel2.setBackground(Color.green);
        panel3.setBackground(Color.blue);
        //将标签面板加入到选项卡面板对象上
        tabbedPane.addTab("标签 1",null,panel1,"First panel");
        tabbedPane.addTab("标签 2",null,panel2,"Second panel");
        tabbedPane.addTab("标签 3",null,panel3,"Third panel");

        c.add(tabbedPane);
        c.setBackground(Color.white);

        setVisible(true);
        setDefaultCloseOperation(JFrame.EXIT_ON_CLOSE);
    }

    public static void main(String args[]) {
        Test d=new Test();
    }
}
```

运行结果：

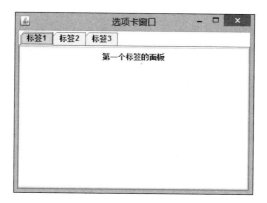

13.

```java
import java.awt.*;
import javax.swing.*;

public class Test extends JFrame {

    private JTextField text3;
    private JTextField text2;
    private JTextField text1;

    public static void main(String args[]) {
        EventQueue.invokeLater(new Runnable() {
            public void run() {
                try {
                    Test frame=new Test();
                    frame.setVisible(true);
                } catch (Exception e) {
                    e.printStackTrace();
                }
            }
        });
    }

    public Test() {
        super("文本框求和");
        getContentPane().setLayout(null);
        setBounds(100,100,500,290);
        setDefaultCloseOperation(JFrame.EXIT_ON_CLOSE);

        text1=new JTextField();
        text1.addFocusListener(new FocusAdapter() {
            public void focusGained(final FocusEvent e) {
```

```java
                    text1.setText(null);
                }

                public void focusLost(final FocusEvent e) {
                    int x=Integer.parseInt(text1.getText());
                    if (x<100 || x >200) {
                        JOptionPane.showMessageDialog(null,
                            "您输入的数字非法,请输入在[100,200]内的数","消息提示",
                            JOptionPane.WARNING_MESSAGE);
                        text1.setText(null);
                    }
                }
            });
            text1.setHorizontalAlignment(SwingConstants.CENTER);
            text1.setBounds(105,22,269,40);
            getContentPane().add(text1);

            text2=new JTextField();
            text2.setHorizontalAlignment(SwingConstants.CENTER);
            text2.addFocusListener(new FocusAdapter() {
                public void focusGained(final FocusEvent e) {
                    text2.setText(null);

                }

                public void focusLost(final FocusEvent e) {
                    int s=Integer.parseInt(text2.getText());
                    if (s<100 || s >200) {
                        JOptionPane.showMessageDialog(null,
                            "您输入的数字非法,请输入在[100,200]内的数","消息提示",
                            JOptionPane.WARNING_MESSAGE);
                        text2.setText(null);
                    }
                    int x=Integer.parseInt(text1.getText());
                    int y=Integer.parseInt(text2.getText());
                    int sum=x+y;
                    text3.setText(Integer.toString(sum));
                }
            });
            text2.setText("Input Integer 2");

            text2.setBounds(105,85,269,40);
            getContentPane().add(text2);

            text3=new JTextField("单击此按钮求和");
```

```
            text3.setEditable(false);
            text3.setHorizontalAlignment(SwingConstants.CENTER);

            text3.setBounds(105,145,269,40);
            getContentPane().add(text3);
            //
        }
    }
```

第 11 章　课后习题参考答案

1. C

2.

(1)

`List<String>list=new Vector<String>();`

(2)

Hello
Java
Learn
World

(3) ArrayList：查询数据速度较快,插入和删除比较慢,线程非安全。

LinkedList：与以上相反。

(4) Vector：查询速度较慢,线程安全。

3.

(1) HashMap 和 Hashtable 大致是等同的,除了非同步和空值(HashMap 允许 null 值作为 key 和 value,而 Hashtable 不可以)。

(2) HashMap 没法保证映射的顺序一直不变,但是作为 HashMap 的子类 LinkedHashMap,如果想要预知的顺序迭代(默认按照插入顺序),可以很轻易地置换为 HashMap,如果使用 Hashtable 就没那么容易了。

(3) HashMap 不是同步的,而 Hashtable 是同步的。

(4) 迭代 HashMap 采用快速失败机制,而 Hashtable 不是,所以这是设计的考虑点。

4. 基本的不同点是 Hashtable 同步而 HashMap 不是,所以无论什么时候有多个线程访问相同的实例时,就应该使用 Hashtable,反之使用 HashMap。非线程安全的数据结构能带来更好的性能。

如果在将来有一种可能——需要按顺序获得键值对的方案时,HashMap 是一个很好的选择,因为有 HashMap 的一个子类 LinkedHashMap,所以如果想可预测地按顺序迭代(默认按插入的顺序),可以很方便用 LinkedHashMap 替换 HashMap。反观要是使用 Hashtable 就没那么简单了。同时如果有多个线程访问 HashMap,Collections.synchronizedMap()可以代替,总的来说 HashMap 更灵活。

5. 运行结果：

10
50
30

6.

```java
import java.util.Scanner;

public class test {
    public static void main(String[] args) {
        Scanner s=new Scanner(System.in);
        int a[]=new int[20];
        System.out.println("请输入多个正整数(输入-1表示结束)：");
        int i=0,j;
        do {
            a[i]=s.nextInt();
            i++;
        } while (a[i-1] !=-1);
        System.out.println("你输入的数组为：");
        for (j=0;j<i-1;j++) {
            System.out.print(a[j]+" ");
        }
        System.out.println("\n数组逆序输出为：");
        for (j=i-2;j>=0;j=j-1) {
            System.out.print(a[j]+" ");
        }
    }
}
```

运行结果：

请输入多个正整数(输入-1表示结束)：
2 5 7 8 9 -1
你输入的数组为：
2 5 7 8 9
数组逆序输出为：
9 8 7 5 2

第12章 课后习题参考答案

1.

```java
public class Test {
    public static void main(String[] args) {
        int i,m,j=0,k,count;
```

```
            for (i=4;i<10000;i+=4) {
                count=0;
                m=i;
                for (k=0;k<5;k++) {
                    j=i/4 * 5+1;
                    i=j;
                    if (j %4==0)
                        count++;
                    else
                        break;
                }
                i=m;
                if (count==4) {
                    System.out.println("原有桃子 "+j+" 个");
                    break;
                }
            }
        }
}
```

运行结果：

原有桃子 3121 个

2. 客户端程序：Client.java。

```java
import java.io.BufferedReader;
import java.io.InputStreamReader;
import java.io.PrintWriter;
import java.net.Socket;

public class Client {

    public static void main(String[] args) {
        Client mc1=new Client();
    }

    public Client() {
        try {
            //Socket()连接某个服务器的服务端,127.0.0.1表示服务器 IP
            //80 是端口号
            Socket s=new Socket("127.0.0.1",80);

            //如果 s 来连接成功,就可以发送数据给服务器
            //通过 pw 向 s 写数据,ture 标识即时刷新
            //OutputStream 写这个东西可以让我们发送数据
            PrintWriter pw=new PrintWriter(s.getOutputStream(),true);
```

```java
            pw.println("客户端:我是客户端,服务器你好!");

            //要读取 s 中传递的数据
            //br 是用来读取信息的
            InputStreamReader isr=new InputStreamReader(s.getInputStream());
            BufferedReader br=new BufferedReader(isr);

            String response=br.readLine();
            System.out.println("客户端:我收到你的信息了"+response);

        } catch (Exception e) {
            e.printStackTrace();
        }
    }
}
```

服务器端程序: Server.java。

```java
import java.io.BufferedReader;
import java.io.InputStreamReader;
import java.io.PrintWriter;
import java.net.ServerSocket;
import java.net.Socket;

public class Server {

    public static void main(String[] args) {
        Server ms1=new Server ();
    }

    public Server () {                          //构造函数
        try {
            //在 80 号端口监听
            ServerSocket ss=new ServerSocket(80);
            System.out.println("我是服务器,在 80 端口监听,等待客户端发出信息.");
            //等待某个客户端来连接,该函数会返回一个 Socket
            Socket s=ss.accept();

            //要读取 s 中传递的数据
            //br 是用来读取信息的
            InputStreamReader isr=new InputStreamReader(s.getInputStream());
                                                //最终读的东西是 s
            //就是 socket 里面的 InputStream
            BufferedReader br=new BufferedReader(isr);
```

```java
            String info=br.readLine();
            System.out.println("--------------------客户端连接成功");
            System.out.println("服务器接收到"+info);

            PrintWriter pw=new PrintWriter(s.getOutputStream(),true);
            //OutputStream 写
            pw.println("------[服务器:我是服务器,见到你很高兴!]");

        } catch (Exception e) {
            e.printStackTrace();
        }
    }
}
```

3.

(1) 所使用的 Socket。

在 TCP 传输模式下,使用 ServerSocket 用于监听指定端口,保证实现 TCP 的三次握手;使用 Socket 建立通信的通道。

在 UDP 传输模式下,使用 DatagramSocket 实现传输消息的包。

(2) Socket 定义的位置不同。

在 TCP 模式下,由于存在三次握手、传输、关闭等多个阶段,所以 Socket 定义应该为类的属性,便于在所有的方式中进行操作。

在 UDP 模式下,是尽最大可能交付,并不需要事先建立连接,属于单传输阶段的形式,所以在发送数据通信的类中进行定义即可,表现为在响应发送按钮事件处理和接收数据的事件处理方法中的局部变量。

(3) 是否存在监听及方式。

在 TCP 模式下,存在三次握手机制,利用 ServerSocket 持续监听指定端口是否有连接请求到达。

在 UDP 模式下,无持续监听某端口是否存在连接请求,而采用直接从指定端口获得数据的形式。

(4) 输入输出流的定义。

在 TCP 模式下,由于属于管道类型的流操作,所以利用 Socket.getInputStream() 和 Socket.getOutputStream(),分别从指定的 Socket 上获得输入和输出流。

在 UDP 模式下,按数据报文的形式进行数据通信,不存在输入输出流。

(5) 发送数据的方式。

在 TCP 模式下,首先定义输出流,在该输出流的基础上直接发送字符串。

在 UDP 模式下,创建待发送的数据包二进制数组,打包为 UDP 数据包,通过 send 发送指定数据包。

(6) 接收数据的方式。

在 TCP 模式下,首先生成输入流,然后按行的方式进行读取。

在 UDP 模式下,首先生成接收数据的 UDP 缓存数组,然后利用 receive 方法,接收数据到指定的缓存中。

附录 A 参 考 答 案

A.1 单项选择题(本大题共 10 小题,每小题 1 分,共 10 分)

1. A   2. B   3. B   4. C   5. A   6. D   7. B   8. C
9. A   10. D

A.2 填空题(本大题共 10 小题,每小题 2 分,共 20 分)

1. class
2. y/x>5 && x!=0
3. final
4. 1
5. getSource()
6. ButtonGroup
7. Font fnA=new Font("细明体",Font.PLAIN.12)
8. notify()或 notifyAll()
9. InputStream 和 OutputStream
10. 数据库连接

A.3 简答题(本大题共 6 小题,每小题 3 分,共 18 分)

1.

(year%4==0) && (year%100!=0) || (year%400==0)

2. Public 修饰的方法为公用方法,任何类的方法都可以访问它。
Private 修饰的方法,本类内部可以访问。

3.

```
TextArea text=new TextArea();
JScrollPane jsp=new JScrollPane(text);
myFrame.getContentPane().add(jsp);
```

4.

```
Graphics2D g2d=( Graphics2D) g;
    Line2D line=new Line2D.Double(10,20,30,40);
    G2d.draw(line)
```

5. 字节流用于读写二进制数据,字节流数据是 8 位的,由 InputStream 类和 OutputStream 类为字节流提供 API 和部分实现,由 FileInputStream 类和 FileOutputStream 类提供支持。
字符流数据是 16 位的 Unicode 字符,由 Reader 类和 Writer 类为字符流程提供 API 和部分实现,由 FileReader 类和 FileWriter 类提供支持。

6. URLConnection 类完成流对象和实现网络连接

A.4 程序填空题(本大题共 5 小题,每空 4 分,共 20 分)

1.

```
    sum+=d;
return sum;
```

2.

```
addMouseListener(this);
panel.print(g,marks[i].x,marks[i].y);
```

3.

```
class MyWindow extends JFrame implements ItemListener {
       ⋮
   MyWindow (String s) {
       super(s);
         ⋮
   }
   public void itemStateChanged(ItemEvent e){
   }
```

4.

```
    Image [ ] myImage=new_Image_[num];
g._drawImage_(myImage[currentImage],10,10,
```

5.

```
if(aThreadArray[i].isAlive())continue WhileLoop;
synchronized _ void modiData(int d){⋯}
```

A.5 程序分析题(本大题共 5 小题,每小题 4 分,共 20 分)

1.

p1.x=13

2.

```
1
1 1
1 2 1
1 3 3 1
```

3.

4.

（1）需要读取的文件 URL 地址。

（2）显示读取的文件内容。

（3）单击"下载"按钮。

（4）使用字节流完成下载。

5．随机绘制外切矩形为 10 红色的圆。

A.6　程序设计题（本大题共 2 小题，每小题 6 分，共 12 分）

1.

```
public static double[][] leftDownConer(double[][] anArray) {

    int l1=anArray.length;
    int l2=anArray[0].length;
    double temp[][];
    if (l1<=l2) {
        temp=new double[l1][];
        for (int i=0;i<l1;i++) {
            temp[i]=new double[i+1];
            for (int j=0;j<i+1;j++)
                temp[i][j]=anArray[i][j];

        }
        return temp;
    } else {
        temp=new double[l2][];
        for (int i=0;i<l2;i++) {
            temp[i]=new double[i+1];
            for (int j=0;j<i+1;j++)
                temp[i][j]=anArray[l1-l2+i][j];
        }
        return temp;
    }
}
```

2.

```
import java.applet.*;
import javax.swing.*;
import java.awt.*;
class MyWindow extends JFrame{
    JTextField text1,text2,text3,text4;
    public MyWindow(String s){          //这个方法是要编写的
        super(s);
            Container con=getContentPane();
            con.setLayout(new GridLayout(2,4));
```

```java
        JLabel label1=new JLabel("学    号");
        JLabel label2=new JLabel("姓    名");
        JLabel label3=new JLabel("考试成绩");
        JLabel label4=new JLabel("平时成绩");
        text1=new JTextField();
        text2=new JTextField();
        text3=new JTextField();
        text4=new JTextField();
        con.add(label1);
        con.add(text1);
        con.add(label2);
        con.add(text2);
        con.add(label3);
        con.add(text3);
        con.add(label4);
        con.add(text4);
        this.setVisible(true);
    }
}
public class Class1 extends Applet{
    MyWindow myWindow;
    public void init(){ myWindow=new MyWindow("一个小应用程序"); }
}
```